中国城市
二氧化碳排放
数据集（2010）

中国城市温室气体工作组 / 著

中国环境出版集团 · 北京

图书在版编目（CIP）数据

中国城市二氧化碳排放数据集．2010 / 中国城市温室气体工作组著．-- 北京 ：中国环境出版集团，2020.6
ISBN 978-7-5111-4339-6

Ⅰ．①中… Ⅱ．①中… Ⅲ．①城市－二氧化碳－排气－统计数据－中国－2010 Ⅳ．① X511

中国版本图书馆 CIP 数据核字（2020）第 075630 号

出 版 人　武德凯
责任编辑　丁莞歆
责任校对　任　丽
装帧设计　宋　瑞

出版发行　中国环境出版集团
（100062　北京市东城区广渠门内大街16号）
网　　址：http://www.cesp.com.cn
电子邮箱：bjgl@cesp.com.cn
联系电话：010-67112765（编辑管理部）
010-67175507（第六分社）
发行热线：010-67125803，010-67113405（传真）
印装质量热线：010-67113404

印　　刷　北京建宏印刷有限公司
经　　销　各地新华书店
版　　次　2020年6月第1版
印　　次　2020年6月第1次印刷
开　　本　880×1230　1/64
印　　张　2.5
字　　数　100千字
定　　价　21.00元

总体设计、组织和数据汇总分析

蔡博峰　生态环境部环境规划院气候变化与环境政策研究中心

作者（按姓氏拼音排序）

蔡博峰　生态环境部环境规划院气候变化与环境政策研究中心
曹丽斌　生态环境部环境规划院气候变化与环境政策研究中心
董会娟　上海交通大学
梁　森　中国地质大学（北京）
刘晓曼　中国科学院大气物理研究所
吕泓颖　上海电力大学
庞凌云　生态环境部环境规划院气候变化与环境政策研究中心
王彬墀　中原大学（中国台湾）
王　柯　中国地质大学（北京）
王　堃　北京市劳动保护科学研究所
王　征　交通运输部水运科学研究院
伍鹏程　生态环境部环境规划院气候变化与环境政策研究中心
谢紫璇　南京信息工程大学
张建军　中国地质大学（北京）
张　卫　交通运输部水运科学研究院
张　哲　上海交通大学

前　言

本数据集是中国城市温室气体工作组（CCG）的第三部成果，CCG成员分别从企业、行业、部门和城市层面对涉及城市二氧化碳排放活动水平的数据进行收集、整理、核对和分析，结合中国高空间分辨率排放网格数据（CHRED 3.0），建立了中国2010年城市二氧化碳排放数据集。

《中国城市二氧化碳排放数据集（2010）》是中国城市温室气体工作组在完成2015年温室气体数据集之后补充完成的一期数据集，主要考虑有两点：① 2010年数据是对已经完成的2005年和2015年数据的补充，三期数据基本可以满足城市排放时序的分析和评估；②联合国政府间气候变化专门委员会（IPCC）2018年发布的《全球升温1.5℃特别报告》提出了全球减排目标，其排放目标基本上是以2010年为基准年的，因而中国城市温室气体工作组判断，未来全球的减排会更多以2010年为基准年。

我们对世界的认知，取决于我们的测量手段。我们对城市低碳化的认知和推进，同样取决于我们构建的排放清单结构，以及清单数据的全面性、准确性和精确性。清单数据的公开化也直接影响到公众对城市低碳建设的了解和切身投入。没有持续、稳定的基础数据建设，低碳城市很容易被各类概念缠绕、混淆甚至取代，城市低碳建设也难以度量和考核，很容易变成归纳、汇总的纸面工作，更无法引起决策者和社会各界的重视和关注。

建立较为可靠、长时间序列、全口径、全覆盖的中国城市温室气体/二氧化碳排放数据集是一项非常艰巨的基础性工作。中国城市温室气体工作组志愿长期建设中国城市温室气体基础数据，每期数据都组织国内外诸多研究人员无偿地开展大量基础性工作，为长期建设、更新、校正和检验中国城市温室气体数据提供了一种全新的模式。这种模式能否持久和有效，取决于广大科研工作者对城市温室气体排放基础数据的热情、执着和他们的工匠精神，更取决于决策者和广大公众对于城市温室气体排放数据越来越严苛的关注和需求。毫无疑问的是，准确、全面且接受学术界及公众的监督和检验的城市排放清单数据，是中国城市低碳发展乃至中国低碳战略转型的基石。

基础数据建设是一个漫长的过程，难免存在某些错误。我们希望社会各界不因我们是志愿者团队而降低对我们的要求。相反，我们希望能够得到更加严苛的要求，我们也承诺出版并不是数据的最终结果，我们会不断验证、校对数据并持续更新（更新信息详见中国城市温室气体工作平台：http://140.143.189.230:8080/ 和 http://www.cityghg.com）。我们欢迎各种形式的批评意见，希望批评者能将具体问题、批评意见和建议反馈到我们的论坛（http://nbb.cityghg.com/），方便我们集中解决、回复和综合处理，我们更希望批评者本人能够加入工作组

（http://140.143.189.230:8080/ 实名注册即可），把自己对基础数据的苛求和期望付诸实践，成为中国城市温室气体数据的建设者和监督者。

蔡博峰

气候变化与环境政策研究中心

生态环境部环境规划院

2020 年 1 月 13 日

FOREWORD

This dataset is the third achievement of the China City Greenhouse Gas Working Group（CCG）. Through collecting, sorting, validating and analyzing of data related to city greenhouse gas emission activity at enterprise, industry, sector and city levels, and combing with the China High Resolution Emission Gridded Database（CHRED 3.0）, the 2010 China City CO_2 Emissions Dataset was finally established.

As the sequel dataset following the 2005 and 2015, *the 2010 China City CO_2 Emissions Dataset* was published with two main consideration:（1）With dataset 2005, 2015 and this supplementary dataset 2010, the requirements for time series analysis and evaluation of city GHG emissions can be basically satisfied;（2）The benchmark year of the global emission reduction target proposed in the "*Special Report on Global Warming of 1.5℃*" by the United Nations Intergovernmental Panel on Climate Change（IPCC）published in 2018 is the year 2010. As a result, CCG reasonably believe that future global carbon emission reduction work will rely more on data of 2010.

Our understanding of the world depends on how we measure it. In the same way, our recognition and promotion of city low carbonization depend on the structure of emissions inventory we build and the comprehensiveness, accuracy and precision of inventory data. The openness of inventory data directly affects public understanding and daily participation to the city low carbonization. Without sustained and steady basic dataset, the concept of low-carbon city is easy to be entangled, confused or even replaced. Once low-carbon city becomes difficult to measure and evaluate, it can easily be turned to a paper work, not to mention drawing attention from policy makers and the general public.

It is a very difficult and fundamental task to establish a reliable, long time series of China city greenhouse gas/CO_2 emission dataset with full coverage. Under the generous supports of many domestic and overseas scientific researchers, CCG has carried out a large amount of basic work, including developing, updating, calibrating and checking China City Greenhouse Gas Dataset. This is a totally new cooperative working mode. Whether this mode could be sustainable and effectively continued depends on the enthusiasm, dedication, craftsman spirit of the scientific researchers, and the attentions and demands from decision makers and the general public. No doubt that accurate, comprehensive, supervised and verifiable city emission data is the cornerstone of China low-carbon development and China's low-carbon strategy transformation.

In the long process of basic dataset building, all kinds of errors are inevitable. We hope the community will not lower the standard demand for us just because we are a volunteer group. On the contrary, we hope to get more stringent requirements and we promise to continue verifying, checking and updating our dataset (updating information can be found in the CCG Working Platform (http://140.143.189.230:8080/ and http://www.cityghg.com). All forms of questions, criticisms and suggestions are welcomed to feedback on our bulletin board system (http://nbb.cityghg.com/), so we could reply or handle it more efficiently. We look forward to the persons providing advices or suggestions could join in our group (just real-name registration needed at http://140.143.189.230:8080/). Let's make your demanding and expectations of the basic data into practice, and become a long-term builder, supervisors and reviewers for the China City Greenhouse Gas Dataset.

Bofeng Cai
Center for Climate Change and Environmental Policy
Chinese Academy of Environmental Planning

目　录

第一部分
中国城市排放

Part Ⅰ City Emissions in China

城市名称 City	部门二氧化碳排放 / 万 t Sectoral CO_2 emissions /10^4 t						
	农业 Agriculture	工业能源 Industrial energy	服务业 Service	工业过程 Industrial processes	城镇 Urban	农村 Rural	生活 Household
北京 Beijing	97.82	7960.53	146.34	527.48	339.89	417.98	757.87
天津 Tianjin	77.30	13369.99	134.37	141.22	129.00	108.34	237.35
上海 Shanghai	59.72	19073.69	200.22	3.07	215.59	24.61	240.20
重庆 Chongqing	580.17	11399.18	68.42	2269.48	242.44	387.56	630.01

注：根据《国民经济行业分类》（GB/T 4754—2011），服务业包括除第一产业、第二产业以外的其他行业，即服务业包括交通，但本数据集为了与国际城市清单保持一致，把交通单独作为一项，即在本数据集统计的排放中，服务业排放不包括交通排放，交通 = 交通运输业 + 社会交通（私家车交通）。第三产业单位 GDP 二氧化碳排放 =（服务业排放 + 交通排放）/ 服务业（包括交通运输业）GDP。本书此类表格同注。

城市名称 City	部门二氧化碳排放 / 万 t Sectoral CO_2 emissions / 10^4 t				
	道路 Road	铁路 Railway	水运 Waterborne navigation	航空 Aviation	交通 Transport
北京 Beijing	1247.40	35.48	0.00	819.64	2102.51
天津 Tianjin	968.34	26.40	23.34	38.96	1057.04
上海 Shanghai	1688.56	3.47	133.87	825.06	2650.97
重庆 Chongqing	819.38	11.64	180.29	80.29	1091.60

城市名称 City	二氧化碳汇总排放 / 万 t CO_2 emissions /10^4 t				
	能源 Energy	工业 Industrial total	间接 Indirect	直接 Direct	总排放 Total
北京 Beijing	11065.07	8488.00	4901.93	11592.55	16494.47
天津 Tianjin	14876.04	13511.20	1126.68	15017.26	16143.94
上海 Shanghai	22224.79	19076.76	2482.70	22227.87	24710.57
重庆 Chongqing	13769.38	13668.66	923.24	16038.85	16962.09

城市名称 City	人均排放/ t Per capita emissions/ t	单位 GDP 二氧化碳排放 / (t/万元) CO₂ emissions per GDP/ ((t/10⁴ RMB)				地均排放 / (t/km²) Per land area emissions/ (t/km²)	碳生产率 / (万元/t) Carbon productivity/ (10⁴ RMB/t)
		总 GDP Gross Domestic Product	第一产业 Primary industry	第二产业 Secondary industry	第三产业 Tertiary industry		
北京 Beijing	8.41	1.17	0.79	2.50	0.21	10050.86	0.86
天津 Tianjin	12.48	1.75	0.53	2.79	0.28	13727.84	0.57
上海 Shanghai	10.73	1.44	0.53	2.64	0.29	38975.66	0.69
重庆 Chongqing	5.88	2.14	0.85	3.14	0.40	2047.84	0.47

直辖市 Municipalities directly under the Central Government— 表 4

城市名称 City	部门二氧化碳排放 / 万 t Sectoral CO_2 emissions /10^4 t						
	农业 Agriculture	工业能源 Industrial energy	服务业 Service	工业过程 Industrial processes	城镇 Urban	农村 Rural	生活 Household
石家庄 Shijiazhuang	17.30	6556.73	52.02	488.29	110.06	202.85	312.91
唐山 Tangshan	16.45	28988.54	27.33	796.69	57.81	174.94	232.75
秦皇岛 Qinhuangdao	6.23	3134.80	13.04	184.58	27.59	27.85	55.44
邯郸 Handan	18.58	13498.25	35.69	276.28	75.51	244.24	319.74
邢台 Xingtai	19.73	3259.06	17.77	365.48	37.59	162.27	199.86
保定 Baoding	23.12	2419.95	35.46	163.71	75.02	295.40	370.41
张家口 Zhangjiakou	37.74	2793.43	17.93	202.45	37.93	51.55	89.48
承德 Chengde	14.96	3415.36	7.65	194.16	16.17	13.10	29.27
沧州 Cangzhou	25.20	1880.64	21.02	4.22	44.47	220.02	264.50
廊坊 Langfang	12.11	1966.43	16.54	85.59	34.98	110.90	145.88
衡水 Hengshui	16.84	872.85	14.51	8.88	30.71	92.65	123.36

城市名称 City	部门二氧化碳排放 / 万 t Sectoral CO_2 emissions /10^4 t				
	道路 Road	铁路 Railway	水运 Waterborne navigation	航空 Aviation	交通 Transport
石家庄 Shijiazhuang	182.27	16.77	0.00	6.04	205.08
唐山 Tangshan	174.18	28.54	62.01	0.00	264.74
秦皇岛 Qinhuangdao	65.87	12.21	21.56	0.40	100.03
邯郸 Handan	132.09	17.68	0.00	0.25	150.02
邢台 Xingtai	130.38	5.61	0.00	0.00	135.99
保定 Baoding	242.51	16.94	0.00	0.00	259.45
张家口 Zhangjiakou	215.61	20.10	0.00	0.00	235.70
承德 Chengde	137.48	20.17	0.00	0.00	157.64
沧州 Cangzhou	187.81	22.86	6.32	0.00	216.99
廊坊 Langfang	97.08	7.83	0.00	0.00	104.90
衡水 Hengshui	85.11	7.58	0.00	0.00	92.69

河北 Hebei — 表 3

城市名称 City	二氧化碳汇总排放 / 万 t CO_2 emissions /10^4 t				
	能源 Energy	工业 Industrial total	间接 Indirect	直接 Direct	总排放 Total
石家庄 Shijiazhuang	7144.03	7045.02	0.00	7632.32	7632.32
唐山 Tangshan	29529.80	29785.22	3160.66	30326.48	33487.15
秦皇岛 Qinhuangdao	3309.54	3319.39	255.23	3494.13	3749.36
邯郸 Handan	14022.29	13774.53	231.88	14298.57	14530.45
邢台 Xingtai	3632.42	3624.53	1280.11	3997.90	5278.00
保定 Baoding	3108.39	2583.66	335.34	3272.11	3607.44
张家口 Zhangjiakou	3174.29	2995.89	0.00	3376.74	3376.74
承德 Chengde	3624.88	3609.52	0.00	3819.04	3819.04
沧州 Cangzhou	2408.36	1884.86	0.00	2412.58	2412.58
廊坊 Langfang	2245.86	2052.02	538.70	2331.45	2870.15
衡水 Hengshui	1120.25	881.73	0.00	1129.13	1129.13

城市名称 City	人均排放 /t Per capita emissions/t	单位 GDP 二氧化碳排放 /（t/ 万元）CO_2 emissions per GDP /（t/10^4 RMB）				地均排放 /（t/km^2）Per land area emissions/（t/km^2）	碳生产率 /（万元 /t）Carbon productivity/（10^4 RMB/t）
		总 GDP Gross Domestic Product	第一产业 Primary industry	第二产业 Secondary industry	第三产业 Tertiary industry		
石家庄 Shijiazhuang	7.51	2.24	0.05	4.26	0.19	4815.95	0.45
唐山 Tangshan	44.19	7.49	0.04	11.46	0.20	24856.85	0.13
秦皇岛 Qinhuangdao	12.55	4.03	0.05	9.02	0.26	4983.86	0.25
邯郸 Handan	15.84	6.15	0.06	10.76	0.24	12046.47	0.16
邢台 Xingtai	7.43	4.36	0.10	5.38	0.44	4227.14	0.23
保定 Baoding	3.22	1.76	0.08	2.44	0.43	1752.55	0.57
张家口 Zhangjiakou	7.77	3.50	0.25	7.22	0.64	915.78	0.29
承德 Chengde	11.00	4.34	0.11	8.03	0.56	965.67	0.23
沧州 Cangzhou	3.38	1.10	0.10	1.69	0.28	1716.77	0.91
廊坊 Langfang	6.58	2.16	0.08	2.88	0.26	4464.38	0.46
衡水 Hengshui	2.60	1.44	0.11	2.23	0.46	1280.92	0.69

城市名称 City	部门二氧化碳排放 / 万 t Sectoral CO_2 emissions /10^4 t						
	农业 Agriculture	工业能源 Industrial energy	服务业 Service	工业过程 Industrial processes	城镇 Urban	农村 Rural	生活 Household
太原 Taiyuan	13.96	3912.52	77.29	252.12	95.67	225.94	321.61
大同 Datong	37.97	4733.39	51.28	123.22	63.48	85.93	149.41
阳泉 Yangquan	5.59	2018.12	16.54	38.05	20.47	42.13	62.60
长治 Changzhi	47.03	6918.74	24.14	102.04	29.88	142.25	172.14
晋城 Jincheng	25.42	2825.21	18.25	88.73	22.59	82.28	104.87
朔州 Shuozhou	38.47	2950.52	18.26	229.44	22.60	32.95	55.55
晋中 Jinzhong	34.76	2304.59	23.03	109.41	28.51	130.82	159.33
运城 Yuncheng	66.08	7512.69	44.46	484.28	55.03	260.36	315.38
忻州 Xinzhou	54.62	1792.14	25.26	29.88	31.27	93.51	124.78
临汾 Linfen	52.44	6835.02	29.67	76.85	36.73	162.15	198.87
吕梁 Lvliang	46.55	4652.22	21.47	310.92	26.58	94.03	120.61

城市名称 City	部门二氧化碳排放 / 万 t Sectoral CO_2 emissions / 10^4 t				
	道路 Road	铁路 Railway	水运 Waterborne navigation	航空 Aviation	交通 Transport
太原 Taiyuan	111.44	5.96	0.00	22.36	139.77
大同 Datong	143.78	9.90	0.00	0.70	154.39
阳泉 Yangquan	58.42	3.51	0.00	0.00	61.93
长治 Changzhi	115.51	7.84	0.00	1.54	124.88
晋城 Jincheng	99.92	5.88	0.00	0.00	105.80
朔州 Shuozhou	82.14	4.93	0.00	0.00	87.08
晋中 Jinzhong	159.92	12.36	0.00	0.00	172.28
运城 Yuncheng	174.10	7.18	0.00	2.46	183.74
忻州 Xinzhou	158.21	17.40	0.00	0.00	175.61
临汾 Linfen	164.43	6.37	0.00	0.00	170.80
吕梁 Lvliang	134.96	0.93	0.00	0.00	135.89

城市名称 City	二氧化碳汇总排放 / 万 t CO_2 emissions / 10^4 t				
	能源 Energy	工业 Industrial total	间接 Indirect	直接 Direct	总排放 Total
太原 Taiyuan	4465.14	4164.64	43.87	4717.26	4761.13
大同 Datong	5126.45	4856.61	0.00	5249.67	5249.67
阳泉 Yangquan	2164.79	2056.17	0.00	2202.84	2202.84
长治 Changzhi	7286.93	7020.78	0.00	7388.98	7388.98
晋城 Jincheng	3079.54	2913.94	0.00	3168.28	3168.28
朔州 Shuozhou	3149.88	3179.96	0.00	3379.32	3379.32
晋中 Jinzhong	2694.00	2414.01	0.00	2803.42	2803.42
运城 Yuncheng	8122.36	7996.97	1287.48	8606.64	9894.12
忻州 Xinzhou	2172.41	1822.02	0.00	2202.29	2202.29
临汾 Linfen	7286.80	6911.86	228.59	7363.65	7592.24
吕梁 Lvliang	4976.74	4963.13	529.53	5287.66	5817.18

城市名称 City	人均排放 /t Per capita emissions/t	单位 GDP 二氧化碳排放 /（t/ 万元） CO_2 emissions per GDP /（t/10^4 RMB）				地均排放 /（t/km²） Per land area emissions/（t/km²）	碳生产率 /（万元 /t） Carbon productivity/（10^4 RMB/t）
		总 GDP Gross Domestic Product	第一产业 Primary industry	第二产业 Secondary industry	第三产业 Tertiary industry		
太原 Taiyuan	11.33	2.68	0.46	5.22	0.23	6837.76	0.37
大同 Datong	15.82	7.56	1.05	14.37	0.64	3716.05	0.13
阳泉 Yangquan	16.10	5.13	0.85	8.05	0.47	4820.21	0.19
长治 Changzhi	22.16	8.03	1.17	11.67	0.54	5317.34	0.12
晋城 Jincheng	13.90	4.34	0.83	6.27	0.53	3361.57	0.23
朔州 Shuozhou	19.71	5.04	0.95	8.39	0.42	3053.79	0.20
晋中 Jinzhong	8.63	3.67	0.54	5.77	0.70	1710.23	0.27
运城 Yuncheng	19.27	11.96	0.47	21.89	0.71	6977.02	0.08
忻州 Xinzhou	7.18	5.03	1.11	9.34	1.04	876.81	0.20
临汾 Linfen	17.59	8.53	0.79	13.31	0.66	3744.63	0.12
吕梁 Lvliang	15.61	6.88	1.06	8.48	0.73	2738.79	0.15

城市名称 City	部门二氧化碳排放 / 万 t Sectoral CO_2 emissions / 10^4 t						
	农业 Agriculture	工业能源 Industrial energy	服务业 Service	工业过程 Industrial processes	城镇 Urban	农村 Rural	生活 Household
呼和浩特 Hohhot	37.71	4926.98	323.84	237.82	176.92	167.00	343.92
包头 Baotou	29.37	6733.33	71.54	9.73	39.08	47.81	86.89
乌海 Wuhai	0.98	3042.06	59.01	267.87	32.24	13.02	45.26
赤峰 Chifeng	122.52	2990.02	232.06	242.20	126.78	245.34	372.12
通辽 Tongliao	108.74	3105.34	156.18	40.98	85.32	150.80	236.12
鄂尔多斯 Ordos	24.75	13718.22	100.29	553.42	54.79	85.56	140.35
呼伦贝尔 Hulunbuir	122.49	4097.28	211.06	76.01	115.31	120.67	235.98
巴彦淖尔 Bayannur	39.53	1406.54	148.42	110.80	81.09	66.79	147.87
乌兰察布 Ulanqab	90.22	2867.50	144.17	220.19	78.76	124.99	203.75

城市名称 City	部门二氧化碳排放 / 万 t Sectoral CO_2 emissions /10^4 t				
	道路 Road	铁路 Railway	水运 Waterborne navigation	航空 Aviation	交通 Transport
呼和浩特 Hohhot	158.91	3.24	0.00	9.39	171.54
包头 Baotou	95.29	5.55	0.00	3.37	104.21
乌海 Wuhai	39.22	1.93	0.00	0.43	41.58
赤峰 Chifeng	326.22	11.55	0.00	0.65	338.42
通辽 Tongliao	251.45	10.98	0.00	0.30	262.72
鄂尔多斯 Ordos	369.38	3.07	0.00	2.04	374.49
呼伦贝尔 Hulunbuir	200.92	33.65	0.00	1.97	236.54
巴彦淖尔 Bayannur	137.63	3.62	0.00	0.00	141.24
乌兰察布 Ulanqab	199.51	7.85	0.00	0.00	207.36

城市名称 City	二氧化碳汇总排放 / 万 t CO_2 emissions /10^4 t				
	能源 Energy	工业 Industrial total	间接 Indirect	直接 Direct	总排放 Total
呼和浩特 Hohhot	5803.99	5164.80	0.00	6041.81	6041.81
包头 Baotou	7025.34	6743.06	708.63	7035.06	7743.69
乌海 Wuhai	3188.89	3309.94	138.92	3456.77	3595.69
赤峰 Chifeng	4055.15	3232.22	0.00	4297.35	4297.35
通辽 Tongliao	3869.11	3146.32	0.00	3910.09	3910.09
鄂尔多斯 Ordos	14358.10	14271.65	0.00	14911.52	14911.52
呼伦贝尔 Hulunbuir	4903.35	4173.28	0.00	4979.36	4979.36
巴彦淖尔 Bayannur	1883.61	1517.34	0.00	1994.41	1994.41
乌兰察布 Ulanqab	3512.99	3087.69	0.00	3733.18	3733.18

城市名称 City	人均排放 /t Per capita emissions/t	单位 GDP 二氧化碳排放 /（t/ 万元）CO_2 emissions per GDP /（t/10^4 RMB）				地均排放 /（t/km^2）Per land area emissions/（t/km^2）	碳生产率 /（万元 /t）Carbon productivity/（10^4 RMB/t）
		总 GDP Gross Domestic Product	第一产业 Primary industry	第二产业 Secondary industry	第三产业 Tertiary industry		
呼和浩特 Hohhot	21.08	3.24	0.41	7.61	0.45	3507.79	0.31
包头 Baotou	29.22	3.15	0.44	5.06	0.17	2788.71	0.32
乌海 Wuhai	67.47	9.19	0.26	11.80	0.94	20499.93	0.11
赤峰 Chifeng	9.90	3.96	0.69	5.81	1.62	477.37	0.25
通辽 Tongliao	12.46	3.32	0.61	4.56	1.36	656.77	0.30
鄂尔多斯 Ordos	76.84	5.64	0.35	9.20	0.46	1718.87	0.18
呼伦贝尔 Hulunbuir	19.53	5.34	0.67	10.63	1.25	196.54	0.19
巴彦淖尔 Bayannur	11.94	3.31	0.33	4.47	2.00	309.63	0.30
乌兰察布 Ulanqab	17.42	6.58	0.96	10.41	1.99	685.09	0.15

城市名称 City	部门二氧化碳排放 / 万 t Sectoral CO_2 emissions / 10^4 t						
	农业 Agriculture	工业能源 Industrial energy	服务业 Service	工业过程 Industrial processes	城镇 Urban	农村 Rural	生活 Household
沈阳 Shenyang	52.70	3026.58	31.00	8.07	54.65	46.75	101.39
大连 Dalian	30.61	4390.80	23.53	345.41	41.48	17.91	59.39
鞍山 Anshan	20.77	5619.97	10.00	52.16	17.63	31.99	49.63
抚顺 Fushun	10.47	4642.24	5.07	73.41	8.94	10.02	18.96
本溪 Benxi	6.78	6047.54	4.87	370.69	8.58	6.06	14.64
丹东 Dandong	20.50	901.08	5.59	45.37	9.85	8.98	18.83
锦州 Jinzhou	33.95	3300.98	6.96	2.83	12.27	25.17	37.44
营口 Yingkou	9.87	2634.59	4.63	65.02	8.15	22.85	31.00
阜新 Fuxin	36.91	900.88	4.59	75.77	8.09	6.44	14.53
辽阳 Liaoyang	11.69	2134.02	5.08	216.05	8.95	14.13	23.08
盘锦 Panjin	10.80	1979.43	2.85	0.00	5.02	14.62	19.63
铁岭 Tieling	38.22	1566.65	5.07	79.19	8.94	15.88	24.82
朝阳 Chaoyang	43.91	1219.69	5.33	67.63	9.40	12.88	22.28
葫芦岛 Huludao	21.37	1719.02	3.39	29.84	5.98	17.37	23.35

城市名称 City	部门二氧化碳排放 / 万 t Sectoral CO_2 emissions /10^4 t				
	道路 Road	铁路 Railway	水运 Waterborne navigation	航空 Aviation	交通 Transport
沈阳 Shenyang	444.26	7.66	0.00	13.98	465.90
大连 Dalian	414.61	8.98	61.10	17.12	501.81
鞍山 Anshan	160.40	4.18	0.00	0.00	164.58
抚顺 Fushun	168.54	4.54	0.00	0.00	173.08
本溪 Benxi	135.41	4.62	0.00	0.00	140.03
丹东 Dandong	225.46	5.41	4.05	0.15	235.07
锦州 Jinzhou	152.22	7.39	3.61	0.15	163.38
营口 Yingkou	145.99	2.52	17.40	0.00	165.91
阜新 Fuxin	162.66	3.83	0.00	0.00	166.49
辽阳 Liaoyang	87.92	3.00	0.00	0.00	90.93
盘锦 Panjin	84.52	2.73	5.99	0.00	93.24
铁岭 Tieling	205.94	6.30	0.00	0.00	212.24
朝阳 Chaoyang	251.15	7.68	0.00	0.02	258.86
葫芦岛 Huludao	127.12	8.85	15.68	0.00	151.64

城市名称 City	二氧化碳汇总排放 / 万 t CO_2 emissions / 10^4 t				
	能源 Energy	工业 Industrial total	间接 Indirect	直接 Direct	总排放 Total
沈阳 Shenyang	3677.58	3034.65	979.60	3685.65	4665.25
大连 Dalian	5006.14	4736.21	562.01	5351.54	5913.56
鞍山 Anshan	5864.95	5672.13	234.98	5917.11	6152.10
抚顺 Fushun	4849.83	4715.65	0.00	4923.24	4923.24
本溪 Benxi	6213.88	6418.24	99.14	6584.57	6683.71
丹东 Dandong	1181.07	946.46	0.00	1226.45	1226.45
锦州 Jinzhou	3542.70	3303.81	0.00	3545.53	3545.53
营口 Yingkou	2846.00	2699.61	0.00	2911.02	2911.02
阜新 Fuxin	1123.39	976.65	0.00	1199.16	1199.16
辽阳 Liaoyang	2264.79	2350.08	480.98	2480.85	2961.82
盘锦 Panjin	2105.95	1979.43	357.67	2105.95	2463.63
铁岭 Tieling	1847.00	1645.84	0.00	1926.19	1926.19
朝阳 Chaoyang	1550.07	1287.32	534.23	1617.70	2151.93
葫芦岛 Huludao	1918.77	1748.86	0.00	1948.61	1948.61

城市名称 City	人均排放 /t Per capita emissions/t	单位 GDP 二氧化碳排放 /（t/ 万元） CO_2 emissions per GDP /（t/10^4 RMB）				地均排放 /（t/km^2） Per land area emissions/（t/km^2）	碳生产率 /（万元 /t） Carbon productivity/（10^4 RMB/t）
		总 GDP Gross Domestic Product	第一产业 Primary industry	第二产业 Secondary industry	第三产业 Tertiary industry		
沈阳 Shenyang	5.76	0.93	0.23	1.20	0.22	3594.19	1.08
大连 Dalian	8.84	1.15	0.09	1.80	0.24	4703.01	0.87
鞍山 Anshan	16.87	2.89	0.22	4.91	0.20	6649.48	0.35
抚顺 Fushun	23.03	5.50	0.19	8.97	0.57	4367.67	0.18
本溪 Benxi	39.10	7.77	0.16	11.97	0.52	7946.40	0.13
丹东 Dandong	5.02	1.68	0.20	2.54	0.94	802.12	0.59
锦州 Jinzhou	11.34	3.93	0.23	7.69	0.53	3584.60	0.25
营口 Yingkou	11.99	2.90	0.13	4.87	0.46	5553.26	0.34
阜新 Fuxin	6.59	3.17	0.40	6.16	1.34	1158.05	0.32
辽阳 Liaoyang	15.93	4.03	0.25	5.05	0.43	6253.84	0.25
盘锦 Panjin	17.69	2.66	0.13	3.21	0.42	6051.65	0.38
铁岭 Tieling	7.09	2.67	0.27	4.32	1.09	1483.97	0.37
朝阳 Chaoyang	7.07	3.29	0.32	3.88	1.41	1092.46	0.30
葫芦岛 Huludao	7.43	3.67	0.30	7.08	0.73	1870.97	0.27

城市名称 City	部门二氧化碳排放 / 万 t Sectoral CO_2 emissions /10^4 t						
	农业 Agriculture	工业能源 Industrial energy	服务业 Service	工业过程 Industrial processes	生活 Household		
					城镇 Urban	农村 Rural	
长春 Changchun	34.86	3893.55	94.52	446.09	95.25	22.54	117.79
吉林 Jilin	19.48	4833.87	52.12	356.12	52.52	16.12	68.63
四平 Siping	23.24	1883.68	26.95	181.27	27.15	13.92	41.07
辽源 Liaoyuan	5.71	927.46	10.19	164.25	10.27	2.12	12.39
通化 Tonghua	8.77	2289.45	13.31	33.98	13.41	7.14	20.56
白山 Baishan	2.86	1517.26	7.94	67.70	8.00	3.27	11.27
松原 Songyuan	28.85	1029.54	21.23	0.00	21.40	9.68	31.08
白城 Baicheng	24.57	510.67	17.66	0.00	17.79	5.52	23.31

城市名称 City	部门二氧化碳排放 / 万 t Sectoral CO_2 emissions /10^4 t				
	道路 Road	铁路 Railway	水运 Waterborne navigation	航空 Aviation	交通 Transport
长春 Changchun	193.52	2.71	0.00	0.41	196.64
吉林 Jilin	152.31	5.29	0.02	0.00	157.62
四平 Siping	113.86	1.83	0.03	0.00	115.71
辽源 Liaoyuan	57.73	0.76	0.01	0.00	58.49
通化 Tonghua	117.39	3.02	0.03	0.00	120.43
白山 Baishan	38.37	2.13	0.01	0.00	40.51
松原 Songyuan	135.97	2.19	0.02	0.00	138.19
白城 Baicheng	83.62	2.88	0.06	0.00	86.56

城市名称 City	二氧化碳汇总排放 / 万 t CO_2 emissions / 10^4 t				
	能源 Energy	工业 Industrial total	间接 Indirect	直接 Direct	总排放 Total
长春 Changchun	4337.37	4339.64	0.00	4783.46	4783.46
吉林 Jilin	5131.72	5189.99	0.00	5487.84	5487.84
四平 Siping	2090.65	2064.96	0.00	2271.92	2271.92
辽源 Liaoyuan	1014.24	1091.70	0.00	1178.48	1178.48
通化 Tonghua	2452.52	2323.43	25.47	2486.51	2511.98
白山 Baishan	1579.84	1584.96	0.00	1647.54	1647.54
松原 Songyuan	1248.88	1029.54	22.40	1248.88	1271.29
白城 Baicheng	662.78	510.67	20.26	662.78	683.04

城市名称 City	人均排放 /t Per capita emissions/ t	单位 GDP 二氧化碳排放 /（t/ 万元） CO_2 emissions per GDP /（t/10^4 RMB）				地均排放 /（t/km²） Per land area emissions/（t/km²）	碳生产率 /（万元 /t） Carbon productivity/（10^4 RMB/t）
		总 GDP Gross Domestic Product	第一产业 Primary industry	第二产业 Secondary industry	第三产业 Tertiary industry		
长春 Changchun	6.23	1.44	0.14	2.52	0.21	2321.61	0.70
吉林 Jilin	12.44	3.05	0.10	5.79	0.30	2023.09	0.33
四平 Siping	6.71	2.91	0.11	6.20	0.61	1613.58	0.34
辽源 Liaoyuan	10.02	2.87	0.13	4.74	0.50	2292.77	0.35
通化 Tonghua	10.81	4.01	0.13	7.11	0.57	1609.42	0.25
白山 Baishan	12.71	3.80	0.06	6.09	0.38	942.26	0.26
松原 Songyuan	4.41	1.15	0.15	1.81	0.46	602.79	0.87
白城 Baicheng	3.36	1.53	0.29	2.53	0.65	265.31	0.65

城市名称 City	部门二氧化碳排放 / 万 t Sectoral CO_2 emissions / 10^4 t						
	农业 Agriculture	工业能源 Industrial energy	服务业 Service	工业过程 Industrial processes	城镇 Urban	农村 Rural	生活 Household
哈尔滨 Harbin	54.09	3236.92	58.77	385.86	94.46	32.44	126.90
齐齐哈尔 Qiqihar	68.39	2165.92	22.84	46.24	36.71	12.74	49.46
鸡西 Jixi	23.73	690.80	4.20	53.89	6.74	8.55	15.30
鹤岗 Hegang	15.07	784.60	5.02	30.13	8.06	4.88	12.94
双鸭山 Shuangyashan	26.32	1593.30	2.01	85.81	3.22	16.81	20.03
大庆 Daqing	19.47	3932.76	8.69	0.00	13.97	15.32	29.29
伊春 Yichun	6.52	586.33	2.95	123.84	4.73	10.22	14.95
佳木斯 Jiamusi	40.90	1209.75	9.30	87.12	14.94	5.29	20.23
七台河 Qitaihe	6.64	5511.62	2.94	3.76	4.72	2.38	7.10
牡丹江 Mudanjiang	20.80	1698.96	13.24	186.12	21.29	7.68	28.97
黑河 Heihe	35.62	409.10	5.96	57.24	9.58	5.92	15.50
绥化 Suihua	48.60	419.80	15.88	0.00	25.53	7.26	32.78

城市名称 City	部门二氧化碳排放 / 万 t Sectoral CO_2 emissions /10^4 t				
	道路 Road	铁路 Railway	水运 Waterborne navigation	航空 Aviation	交通 Transport
哈尔滨 Harbin	410.80	9.55	0.85	45.27	466.47
齐齐哈尔 Qiqihar	203.24	4.38	0.00	0.71	208.34
鸡西 Jixi	62.75	2.93	0.00	0.00	65.69
鹤岗 Hegang	21.10	0.81	0.03	0.00	21.95
双鸭山 Shuangyashan	76.25	1.98	0.00	0.00	78.23
大庆 Daqing	131.92	1.75	0.00	0.00	133.67
伊春 Yichun	58.78	4.57	0.00	0.00	63.35
佳木斯 Jiamusi	154.85	3.44	0.06	1.13	159.49
七台河 Qitaihe	44.58	0.67	0.00	0.00	45.25
牡丹江 Mudanjiang	169.51	8.89	0.02	1.66	180.07
黑河 Heihe	157.00	6.50	0.07	0.53	164.10
绥化 Suihua	190.06	3.59	0.00	0.00	193.64

城市名称 City	二氧化碳汇总排放 / 万 t CO_2 emissions /10^4 t				
	能源 Energy	工业 Industrial total	间接 Indirect	直接 Direct	总排放 Total
哈尔滨 Harbin	3943.15	3622.78	429.89	4329.01	4758.90
齐齐哈尔 Qiqihar	2514.95	2212.17	0.00	2561.19	2561.19
鸡西 Jixi	799.70	744.69	261.25	853.59	1114.84
鹤岗 Hegang	839.58	814.74	0.00	869.71	869.71
双鸭山 Shuangyashan	1719.89	1679.10	0.00	1805.69	1805.69
大庆 Daqing	4123.88	3932.76	0.00	4123.88	4123.88
伊春 Yichun	674.09	710.17	102.04	797.93	899.97
佳木斯 Jiamusi	1439.67	1296.87	0.00	1526.79	1526.79
七台河 Qitaihe	5573.55	5515.38	0.00	5577.31	5577.31
牡丹江 Mudanjiang	1942.04	1885.08	174.30	2128.16	2302.46
黑河 Heihe	630.29	466.34	126.75	687.52	814.27
绥化 Suihua	710.72	419.80	0.00	710.72	710.72

城市名称 City	人均排放 /t Per capita emissions/t	单位 GDP 二氧化碳排放 /（t/ 万元） CO_2 emissions per GDP /（t/10^4 RMB）				地均排放 /（t/km^2） Per land area emissions/（t/km^2）	碳生产率 /（万元 /t） Carbon productivity/（10^4 RMB/t）
		总 GDP Gross Domestic Product	第一产业 Primary industry	第二产业 Secondary industry	第三产业 Tertiary industry		
哈尔滨 Harbin	4.47	1.30	0.13	2.62	0.28	896.76	0.77
齐齐哈尔 Qiqihar	4.77	2.91	0.36	6.18	0.70	603.07	0.34
鸡西 Jixi	5.99	2.66	0.22	4.20	0.52	494.80	0.38
鹤岗 Hegang	8.22	3.47	0.23	6.97	0.40	593.30	0.29
双鸭山 Shuangyashan	12.35	4.79	0.23	9.95	0.86	778.01	0.21
大庆 Daqing	14.20	1.42	0.20	1.65	0.34	1943.48	0.70
伊春 Yichun	7.84	4.45	0.11	8.94	1.08	274.72	0.22
佳木斯 Jiamusi	5.98	2.98	0.28	9.68	0.73	466.85	0.34
七台河 Qitaihe	60.59	18.27	0.30	27.31	0.60	8963.85	0.05
牡丹江 Mudanjiang	8.23	3.01	0.17	6.22	0.57	567.35	0.33
黑河 Heihe	4.86	3.12	0.30	10.43	1.71	99.10	0.32
绥化 Suihua	1.31	0.97	0.18	2.31	0.74	203.80	1.03

城市名称 City	部门二氧化碳排放 / 万 t Sectoral CO_2 emissions /10^4 t						
	农业 Agriculture	工业能源 Industrial energy	服务业 Service	工业过程 Industrial processes	城镇 Urban	农村 Rural	生活 Household
南京 Nanjing	23.77	7506.81	10.51	505.78	42.96	3.76	46.72
无锡 Wuxi	13.48	7611.32	5.83	467.72	23.83	4.10	27.93
徐州 Xuzhou	51.42	7529.50	5.44	330.30	21.90	5.58	27.47
常州 Changzhou	17.32	2296.03	4.68	1344.59	19.11	3.12	22.23
苏州 Suzhou	22.82	13645.99	8.73	295.79	35.67	8.56	44.23
南通 Nantong	52.10	3858.61	4.14	66.07	16.91	2.99	19.90
连云港 Lianyungang	32.06	1206.03	2.52	0.00	10.30	2.58	12.88
淮安 Huai'an	38.35	1964.14	3.49	16.69	14.27	2.99	17.26
盐城 Yancheng	81.02	1044.64	4.38	6.46	17.92	2.51	20.43
扬州 Yangzhou	29.38	2647.66	3.49	0.00	14.27	2.20	16.47
镇江 Zhenjiang	15.62	3041.93	2.89	336.64	11.80	1.47	13.27
泰州 Taizhou	29.84	2183.09	2.88	0.00	11.76	2.88	14.64
宿迁 Suqian	34.17	625.85	3.00	0.00	12.24	3.88	16.12

城市名称 City	部门二氧化碳排放 / 万 t Sectoral CO_2 emissions /10^4 t				
	道路 Road	铁路 Railway	水运 Waterborne navigation	航空 Aviation	交通 Transport
南京 Nanjing	295.16	5.59	14.97	51.17	366.89
无锡 Wuxi	248.44	2.03	27.29	10.79	288.55
徐州 Xuzhou	276.54	6.68	1.62	2.30	287.14
常州 Changzhou	190.07	0.73	1.63	2.44	194.87
苏州 Suzhou	440.05	1.01	115.20	0.00	556.27
南通 Nantong	195.12	2.86	105.84	1.09	304.91
连云港 Lianyungang	186.17	1.46	18.07	1.42	207.12
淮安 Huai'an	182.69	1.07	5.33	0.00	189.10
盐城 Yancheng	230.87	2.10	40.77	0.05	273.79
扬州 Yangzhou	139.07	1.08	12.08	0.00	152.24
镇江 Zhenjiang	112.88	1.54	13.48	0.00	127.90
泰州 Taizhou	136.80	1.39	51.66	0.00	189.85
宿迁 Suqian	136.48	0.74	2.72	0.00	139.95

城市名称 City	二氧化碳汇总排放 / 万 t CO_2 emissions /10^4 t				
	能源 Energy	工业 Industrial total	间接 Indirect	直接 Direct	总排放 Total
南京 Nanjing	7954.70	8012.59	386.46	8460.48	8846.94
无锡 Wuxi	7947.11	8079.04	1021.80	8414.83	9436.63
徐州 Xuzhou	7900.98	7859.80	0.00	8231.28	8231.28
常州 Changzhou	2535.11	3640.62	1033.46	3879.71	4913.17
苏州 Suzhou	14278.04	13941.78	2609.66	14573.83	17183.49
南通 Nantong	4239.66	3924.68	1461.10	4305.73	5766.83
连云港 Lianyungang	1460.61	1206.03	152.07	1460.61	1612.69
淮安 Huai'an	2212.35	1980.83	58.23	2229.03	2287.26
盐城 Yancheng	1424.26	1051.10	7.77	1430.72	1438.49
扬州 Yangzhou	2849.24	2647.66	0.00	2849.24	2849.24
镇江 Zhenjiang	3201.61	3378.57	0.00	3538.24	3538.24
泰州 Taizhou	2420.30	2183.09	1067.83	2420.30	3488.13
宿迁 Suqian	819.08	625.85	404.33	819.08	1223.41

城市名称 City	人均排放 /t Per capita emissions/t	单位 GDP 二氧化碳排放 /（t/ 万元） CO_2 emissions per GDP /（$t/10^4$ RMB）				地均排放 /（t/km^2） Per land area emissions/（t/km^2）	碳生产率 /（万元 /t） Carbon productivity/（10^4 RMB/t）
		总 GDP Gross Domestic Product	第一产业 Primary industry	第二产业 Secondary industry	第三产业 Tertiary industry		
南京 Nanjing	11.05	1.77	0.17	3.52	0.15	13430.90	0.57
无锡 Wuxi	14.80	1.63	0.13	2.52	0.12	20394.71	0.61
徐州 Xuzhou	9.60	2.80	0.18	5.27	0.25	7310.85	0.36
常州 Changzhou	10.70	1.61	0.17	2.16	0.16	11237.81	0.62
苏州 Suzhou	16.43	1.86	0.15	2.65	0.15	20244.45	0.54
南通 Nantong	7.92	1.66	0.20	2.06	0.24	7207.63	0.60
连云港 Lianyungang	3.67	1.35	0.18	2.21	0.45	2150.25	0.74
淮安 Huai'an	4.76	1.70	0.20	3.16	0.36	2270.91	0.59
盐城 Yancheng	1.98	0.62	0.22	0.96	0.32	847.57	1.62
扬州 Yangzhou	6.39	1.28	0.18	2.15	0.19	4322.93	0.78
镇江 Zhenjiang	11.36	1.78	0.19	3.01	0.17	9197.40	0.56
泰州 Taizhou	7.55	1.70	0.20	1.94	0.25	6027.52	0.59
宿迁 Suqian	2.59	1.21	0.19	1.37	0.38	1430.05	0.83

城市名称 City	部门二氧化碳排放 / 万 t Sectoral CO_2 emissions /10^4 t						
	农业 Agriculture	工业能源 Industrial energy	服务业 Service	工业过程 Industrial processes	生活 Household		
					城镇 Urban	农村 Rural	生活 Household
杭州 Hangzhou	49.20	3350.69	32.41	768.50	33.84	20.27	54.10
宁波 Ningbo	52.13	9706.54	27.89	54.32	29.12	21.50	50.62
温州 Wenzhou	33.81	2156.94	26.04	0.00	27.19	8.68	35.88
嘉兴 Jiaxing	47.62	2952.37	13.84	162.01	14.46	14.77	29.23
湖州 Huzhou	44.60	1790.62	6.98	690.63	7.28	3.09	10.38
绍兴 Shaoxing	40.26	1859.58	12.54	168.34	13.09	13.99	27.08
金华 Jinhua	52.09	2679.05	14.11	139.15	14.74	4.32	19.06
衢州 Quzhou	28.91	2046.07	4.90	634.78	5.12	0.63	5.74
舟山 Zhoushan	5.44	397.92	1.31	0.00	1.36	2.11	3.47
台州 Taizhou	40.80	2537.95	9.61	0.00	10.04	4.06	14.10
丽水 Lishui	20.24	338.68	2.43	0.00	2.53	1.03	3.57

城市名称 City	部门二氧化碳排放 / 万 t Sectoral CO_2 emissions /10^4 t				
	道路 Road	铁路 Railway	水运 Waterborne navigation	航空 Aviation	交通 Transport
杭州 Hangzhou	466.82	4.14	9.83	83.73	564.53
宁波 Ningbo	332.95	3.94	103.63	21.11	461.62
温州 Wenzhou	248.42	3.67	60.25	24.00	336.34
嘉兴 Jiaxing	256.55	1.58	18.37	0.00	276.50
湖州 Huzhou	218.26	3.07	7.21	0.00	228.54
绍兴 Shaoxing	291.62	2.34	1.23	0.00	295.19
金华 Jinhua	260.82	4.13	0.00	2.98	267.92
衢州 Quzhou	211.53	1.98	0.00	0.54	214.05
舟山 Zhoushan	27.19	0.00	320.44	1.44	349.08
台州 Taizhou	237.82	1.65	73.29	2.76	315.52
丽水 Lishui	190.02	2.13	0.00	0.00	192.16

城市名称 City	二氧化碳汇总排放 / 万 t CO_2 emissions /10^4 t				
	能源 Energy	工业 Industrial total	间接 Indirect	直接 Direct	总排放 Total
杭州 Hangzhou	4050.93	4119.19	2661.13	4819.42	7480.55
宁波 Ningbo	10298.80	9760.87	0.00	10353.12	10353.12
温州 Wenzhou	2589.01	2156.94	270.65	2589.01	2859.66
嘉兴 Jiaxing	3319.55	3114.38	0.00	3481.56	3481.56
湖州 Huzhou	2081.12	2481.25	54.69	2771.74	2826.43
绍兴 Shaoxing	2234.65	2027.93	1918.19	2402.99	4321.18
金华 Jinhua	3032.24	2818.20	278.95	3171.39	3450.34
衢州 Quzhou	2299.67	2680.85	0.00	2934.45	2934.45
舟山 Zhoushan	757.22	397.92	19.12	757.22	776.34
台州 Taizhou	2917.97	2537.95	567.04	2917.97	3485.01
丽水 Lishui	557.08	338.68	56.32	557.08	613.40

城市名称 City	人均排放 /t Per capita emissions/t	单位 GDP 二氧化碳排放 /（t/ 万元） CO_2 emissions per GDP /（t/10^4 RMB）				地均排放 /（t/km^2） Per land area emissions/（t/km^2）	碳生产率 /（万元 /t） Carbon productivity/（10^4 RMB/t）
		总 GDP Gross Domestic Product	第一产业 Primary industry	第二产业 Secondary industry	第三产业 Tertiary industry		
杭州 Hangzhou	8.60	1.26	0.24	1.45	0.21	4507.44	0.80
宁波 Ningbo	13.61	2.01	0.24	3.40	0.24	10547.19	0.50
温州 Wenzhou	3.13	0.98	0.36	1.41	0.28	2426.32	1.02
嘉兴 Jiaxing	7.73	1.51	0.38	2.32	0.35	8892.88	0.66
湖州 Huzhou	9.77	2.17	0.43	3.47	0.49	4858.08	0.46
绍兴 Shaoxing	8.80	1.55	0.27	1.29	0.29	5219.45	0.65
金华 Jinhua	6.44	1.64	0.48	2.59	0.31	3153.58	0.61
衢州 Quzhou	13.82	3.88	0.45	6.47	0.79	3319.14	0.26
舟山 Zhoushan	6.92	1.20	0.09	1.36	1.21	5391.24	0.83
台州 Taizhou	5.84	1.44	0.25	2.02	0.32	3703.12	0.70
丽水 Lishui	2.90	0.92	0.32	1.03	0.72	354.61	1.08

城市名称 City	部门二氧化碳排放 / 万 t Sectoral CO_2 emissions / 10^4 t						
	农业 Agriculture	工业能源 Industrial energy	服务业 Service	工业过程 Industrial processes	生活 Household		
					城镇 Urban	农村 Rural	生活 Household
合肥 Hefei	17.63	1291.76	10.30	206.13	45.48	25.48	70.96
芜湖 Wuhu	6.73	1456.90	4.08	1297.77	18.01	6.02	24.03
蚌埠 Bengbu	15.06	867.03	2.40	19.30	10.58	18.57	29.15
淮南 Huainan	5.07	4443.27	4.89	101.46	21.58	9.12	30.69
马鞍山 Ma'anshan	3.36	3621.01	3.15	3.42	13.91	9.54	23.45
淮北 Huaibei	6.97	4732.64	2.84	131.41	12.52	5.70	18.22
铜陵 Tongling	1.63	1532.44	2.41	791.41	10.64	1.55	12.19
安庆 Anqing	20.49	1218.14	3.42	865.75	15.11	11.60	26.71
黄山 Huangshan	3.37	61.69	0.97	0.00	4.28	2.15	6.44
滁州 Chuzhou	29.54	448.75	3.20	382.02	14.12	14.37	28.49
阜阳 Fuyang	26.41	978.70	5.91	0.00	26.09	39.61	65.70
宿州 Suzhou	25.42	774.42	3.90	41.74	17.21	25.44	42.64
巢湖 Chaohu	20.24	1151.51	0.93	1650.69	4.12	3.77	7.89
六安 Lu'an	28.86	235.81	2.63	27.99	11.60	23.17	34.77
亳州 Bozhou	22.43	249.68	3.25	11.84	14.34	22.07	36.41
池州 Chizhou	6.43	622.03	0.88	593.30	3.90	2.05	5.95
宣城 Xuancheng	11.90	1039.51	1.83	835.02	8.07	1.85	9.92

城市名称 City	部门二氧化碳排放 / 万 t Sectoral CO_2 emissions /10^4 t				
	道路 Road	铁路 Railway	水运 Waterborne navigation	航空 Aviation	交通 Transport
合肥 Hefei	102.03	5.62	6.29	14.33	128.27
芜湖 Wuhu	40.38	2.52	19.01	0.00	61.91
蚌埠 Bengbu	46.91	2.42	6.21	0.00	55.54
淮南 Huainan	17.65	2.43	2.25	0.00	22.33
马鞍山 Ma'anshan	17.19	1.73	13.02	0.00	31.95
淮北 Huaibei	16.70	3.05	0.00	0.00	19.75
铜陵 Tongling	15.34	1.71	12.13	0.00	29.19
安庆 Anqing	95.76	4.05	27.75	0.26	127.83
黄山 Huangshan	65.38	2.73	0.10	1.22	69.44
滁州 Chuzhou	79.14	7.12	1.99	0.00	88.25
阜阳 Fuyang	59.97	5.12	7.86	0.37	73.32
宿州 Suzhou	69.77	3.74	0.00	0.00	73.51
巢湖 Chaohu	49.03	3.21	30.15	0.00	82.39
六安 Lu'an	105.53	3.90	1.52	0.00	110.95
亳州 Bozhou	60.82	3.10	0.21	0.00	64.13
池州 Chizhou	61.06	2.68	16.39	0.00	80.13
宣城 Xuancheng	42.53	5.07	0.02	0.00	47.62

城市名称 City	二氧化碳汇总排放 / 万 t CO_2 emissions /10^4 t				
	能源 Energy	工业 Industrial total	间接 Indirect	直接 Direct	总排放 Total
合肥 Hefei	1518.93	1497.89	340.63	1725.06	2065.69
芜湖 Wuhu	1553.65	2754.67	0.00	2851.41	2851.41
蚌埠 Bengbu	969.19	886.33	0.00	988.49	988.49
淮南 Huainan	4506.26	4544.73	0.00	4607.71	4607.71
马鞍山 Ma'anshan	3682.91	3624.42	0.00	3686.33	3686.33
淮北 Huaibei	4780.41	4864.05	0.00	4911.82	4911.82
铜陵 Tongling	1577.85	2323.84	0.00	2369.26	2369.26
安庆 Anqing	1396.59	2083.90	162.89	2262.35	2425.24
黄山 Huangshan	141.90	61.69	85.15	141.90	227.05
滁州 Chuzhou	598.24	830.77	387.47	980.26	1367.73
阜阳 Fuyang	1150.04	978.70	0.00	1150.04	1150.04
宿州 Suzhou	919.89	816.16	0.00	961.63	961.63
巢湖 Chaohu	1262.96	2802.21	35.00	2913.65	2948.65
六安 Lu'an	413.01	263.80	184.27	441.00	625.27
亳州 Bozhou	375.90	261.52	107.13	387.74	494.87
池州 Chizhou	715.43	1215.33	11.25	1308.73	1319.98
宣城 Xuancheng	1110.78	1874.53	174.93	1945.81	2120.73

城市名称 City	人均排放 /t Per capita emissions/t	单位 GDP 二氧化碳排放 /（t/ 万元） CO_2 emissions per GDP /（$t/10^4$ RMB）				地均排放 /（t/km^2） Per land area emissions/（t/km^2）	碳生产率 /（万元 /t） Carbon productivity/（10^4 RMB/t）
		总 GDP Gross Domestic Product	第一产业 Primary industry	第二产业 Secondary industry	第三产业 Tertiary industry		
合肥 Hefei	3.62	0.76	0.13	1.03	0.12	2931.30	1.31
芜湖 Wuhu	12.60	2.57	0.14	3.81	0.20	8596.37	0.39
蚌埠 Bengbu	3.12	1.55	0.13	2.95	0.27	1663.84	0.64
淮南 Huainan	19.74	7.63	0.11	11.69	0.16	17824.81	0.13
马鞍山 Ma'anshan	26.98	4.55	0.12	6.43	0.16	21864.34	0.22
淮北 Huaibei	23.23	10.64	0.17	16.30	0.18	17919.80	0.09
铜陵 Tongling	32.73	5.08	0.17	6.85	0.27	21287.13	0.20
安庆 Anqing	4.57	2.45	0.13	3.98	0.43	1583.26	0.41
黄山 Huangshan	1.67	0.73	0.09	0.45	0.53	231.52	1.36
滁州 Chuzhou	3.47	1.97	0.20	2.43	0.45	1011.41	0.51
阜阳 Fuyang	1.51	1.59	0.13	3.46	0.33	1176.52	0.63
宿州 Suzhou	1.80	1.48	0.14	3.31	0.35	982.56	0.68
巢湖 Chaohu	7.61	12.46	0.46	23.94	1.10	3138.87	0.08
六安 Lu'an	1.11	0.92	0.18	0.92	0.49	347.84	1.08
亳州 Bozhou	1.02	0.97	0.16	1.37	0.37	590.96	1.04
池州 Chizhou	9.41	4.39	0.14	8.67	0.70	1595.72	0.23
宣城 Xuancheng	8.37	4.03	0.13	7.55	0.26	1720.96	0.25

城市名称 City	部门二氧化碳排放 / 万 t Sectoral CO_2 emissions /10^4 t						
	农业 Agriculture	工业能源 Industrial energy	服务业 Service	工业过程 Industrial processes	城镇 Urban	农村 Rural	生活 Household
福州 Fuzhou	31.00	3847.10	18.44	0.00	32.56	39.23	71.79
厦门 Xiamen	8.23	1568.30	9.75	0.00	17.22	16.50	33.72
莆田 Putian	20.45	548.07	3.53	0.00	6.23	18.12	24.35
三明 Sanming	44.06	1540.01	4.45	630.56	7.86	2.08	9.94
泉州 Quanzhou	40.89	3166.75	18.77	81.24	33.14	62.64	95.78
漳州 Zhangzhou	41.10	1979.63	11.18	32.30	19.75	13.90	33.65
南平 Nanping	70.60	714.13	3.29	130.10	5.80	4.16	9.96
龙岩 Longyan	27.57	1539.13	8.36	840.00	14.76	3.50	18.25
宁德 Ningde	33.17	1272.57	3.94	0.00	6.96	2.23	9.18

城市名称 City	部门二氧化碳排放 / 万 t Sectoral CO_2 emissions /10^4 t				
	道路 Road	铁路 Railway	水运 Waterborne navigation	航空 Aviation	交通 Transport
福州 Fuzhou	233.42	0.91	71.26	32.58	338.16
厦门 Xiamen	63.29	0.39	17.52	71.43	152.64
莆田 Putian	60.03	0.00	28.34	0.00	88.36
三明 Sanming	231.06	1.80	0.00	0.00	232.86
泉州 Quanzhou	184.92	1.70	55.87	9.95	252.44
漳州 Zhangzhou	166.28	1.25	56.85	0.00	224.38
南平 Nanping	236.45	4.57	0.00	2.60	243.61
龙岩 Longyan	222.16	2.12	0.00	0.00	224.28
宁德 Ningde	113.59	0.27	43.52	0.00	157.38

城市名称 City	二氧化碳汇总排放 / 万 t CO_2 emissions /10^4 t				
	能源 Energy	工业 Industrial total	间接 Indirect	直接 Direct	总排放 Total
福州 Fuzhou	4306.48	3847.10	0.00	4306.48	4306.48
厦门 Xiamen	1772.63	1568.30	354.95	1772.63	2127.58
莆田 Putian	684.77	548.07	0.00	684.77	684.77
三明 Sanming	1831.34	2170.57	216.82	2461.89	2678.71
泉州 Quanzhou	3574.62	3247.99	1848.73	3655.87	5504.60
漳州 Zhangzhou	2289.94	2011.93	0.00	2322.24	2322.24
南平 Nanping	1041.60	844.23	425.57	1171.70	1597.27
龙岩 Longyan	1817.59	2379.13	0.00	2657.59	2657.59
宁德 Ningde	1476.24	1272.57	0.00	1476.24	1476.24

城市名称 City	人均排放 /t Per capita emissions/t	单位 GDP 二氧化碳排放 /（t/ 万元）CO_2 emissions per GDP /（t/10^4 RMB）				地均排放 /（t/km^2）Per land area emissions/（t/km^2）	碳生产率 /（万元 /t）Carbon productivity/（10^4 RMB/t）
		总 GDP Gross Domestic Product	第一产业 Primary industry	第二产业 Secondary industry	第三产业 Tertiary industry		
福州 Fuzhou	6.05	1.38	0.11	2.74	0.25	3295.94	0.73
厦门 Xiamen	6.02	1.03	0.36	1.53	0.16	13525.62	0.97
莆田 Putian	2.46	0.81	0.23	1.15	0.32	1662.46	1.24
三明 Sanming	10.70	2.75	0.26	4.52	0.73	1159.92	0.36
泉州 Quanzhou	6.77	1.54	0.31	1.51	0.21	4997.37	0.65
漳州 Zhangzhou	4.83	1.66	0.16	3.15	0.46	1803.96	0.60
南平 Nanping	6.04	2.19	0.44	2.77	0.93	607.14	0.46
龙岩 Longyan	10.38	2.68	0.21	4.51	0.70	1394.11	0.37
宁德 Ningde	5.23	2.00	0.24	4.01	0.57	1097.41	0.50

城市名称 City	部门二氧化碳排放 / 万 t Sectoral CO_2 emissions / 10^4 t						
	农业 Agriculture	工业能源 Industrial energy	服务业 Service	工业过程 Industrial processes	城镇 Urban	农村 Rural	生活 Household
南昌 Nanchang	13.90	1034.45	12.82	0.00	22.96	7.73	30.69
景德镇 Jingdezhen	3.95	791.90	2.08	91.79	3.72	4.49	8.21
萍乡 Pingxiang	2.83	1375.43	1.60	344.61	2.86	54.88	57.74
九江 Jiujiang	18.03	1666.60	3.43	520.49	6.15	18.00	24.14
新余 Xinyu	3.64	2493.53	2.54	104.91	4.55	14.05	18.59
鹰潭 Yingtan	3.87	492.99	0.77	0.00	1.38	8.82	10.20
赣州 Ganzhou	19.95	684.30	4.96	366.48	8.89	49.38	58.27
吉安 Ji'an	20.81	894.44	2.07	131.04	3.70	55.77	59.47
宜春 Yichun	20.45	1762.49	3.70	415.57	6.63	45.46	52.09
抚州 Fuzhou	15.17	143.09	5.16	12.80	9.24	27.62	36.86
上饶 Shangrao	20.30	1285.03	3.23	319.71	5.79	21.79	27.57

城市名称 City	部门二氧化碳排放 / 万 t Sectoral CO_2 emissions /10^4 t				
	道路 Road	铁路 Railway	水运 Waterborne navigation	航空 Aviation	交通 Transport
南昌 Nanchang	92.38	4.13	2.28	14.11	112.90
景德镇 Jingdezhen	42.61	4.40	0.02	0.85	47.88
萍乡 Pingxiang	22.81	1.74	0.00	0.00	24.55
九江 Jiujiang	103.23	5.50	14.63	0.22	123.57
新余 Xinyu	26.65	3.81	0.01	0.00	30.47
鹰潭 Yingtan	24.54	3.36	0.00	0.00	27.90
赣州 Ganzhou	190.70	5.14	0.00	0.94	196.78
吉安 Ji'an	102.67	6.57	0.12	0.52	109.88
宜春 Yichun	80.73	7.11	0.71	0.00	88.55
抚州 Fuzhou	97.16	2.91	0.00	0.00	100.07
上饶 Shangrao	120.91	5.98	0.13	0.00	127.02

城市名称 City	二氧化碳汇总排放 / 万 t CO_2 emissions /10^4 t				
	能源 Energy	工业 Industrial total	间接 Indirect	直接 Direct	总排放 Total
南昌 Nanchang	1204.76	1034.45	227.29	1204.76	1432.05
景德镇 Jingdezhen	854.01	883.69	63.34	945.80	1009.14
萍乡 Pingxiang	1462.14	1720.04	174.35	1806.75	1981.10
九江 Jiujiang	1835.78	2187.09	123.08	2356.27	2479.35
新余 Xinyu	2548.77	2598.44	58.63	2653.68	2712.31
鹰潭 Yingtan	535.73	492.99	0.00	535.73	535.73
赣州 Ganzhou	964.26	1050.78	213.49	1330.74	1544.23
吉安 Ji'an	1086.67	1025.47	0.00	1217.70	1217.70
宜春 Yichun	1927.28	2178.06	0.00	2342.85	2342.85
抚州 Fuzhou	300.35	155.90	134.84	313.15	447.99
上饶 Shangrao	1463.16	1604.74	84.25	1782.87	1867.12

城市名称 City	人均排放 /t Per capita emissions/t	单位 GDP 二氧化碳排放 /（t/ 万元）CO_2 emissions per GDP /（$t/10^4$ RMB）				地均排放 /（t/km^2）Per land area emissions/（t/km^2）	碳生产率 /（万元 /t）Carbon productivity/（10^4 RMB/t）
		总 GDP Gross Domestic Product	第一产业 Primary industry	第二产业 Secondary industry	第三产业 Tertiary industry		
南昌 Nanchang	2.84	0.65	0.11	0.88	0.14	1934.68	1.54
景德镇 Jingdezhen	6.36	2.19	0.10	3.15	0.35	1919.98	0.46
萍乡 Pingxiang	10.68	3.81	0.07	5.22	0.18	5180.71	0.26
九江 Jiujiang	5.24	2.40	0.18	3.77	0.36	1317.19	0.42
新余 Xinyu	23.82	4.30	0.10	6.44	0.17	8534.66	0.23
鹰潭 Yingtan	4.76	1.56	0.12	2.29	0.30	1504.85	0.64
赣州 Ganzhou	1.85	1.38	0.09	2.12	0.49	392.14	0.72
吉安 Ji'an	2.53	1.69	0.15	2.82	0.52	481.63	0.59
宜春 Yichun	4.32	2.69	0.12	4.42	0.43	1254.94	0.37
抚州 Fuzhou	1.15	0.71	0.13	0.50	0.54	238.04	1.41
上饶 Shangrao	2.84	2.07	0.13	3.50	0.45	819.24	0.48

城市名称 City	部门二氧化碳排放 / 万 t Sectoral CO_2 emissions / 10^4 t						
	农业 Agriculture	工业能源 Industrial energy	服务业 Service	工业过程 Industrial processes	城镇 Urban	农村 Rural	生活 Household
济南 Jinan	20.96	6774.34	137.02	575.35	51.52	16.04	67.55
青岛 Qingdao	30.61	5598.50	154.13	0.00	57.95	37.87	95.82
淄博 Zibo	12.57	8248.97	82.07	960.58	30.86	14.80	45.65
枣庄 Zaozhuang	11.28	3225.51	62.92	1366.83	23.66	9.40	33.05
东营 Dongying	18.14	1828.96	23.62	13.19	8.88	11.59	20.47
烟台 Yantai	27.78	3435.05	84.31	597.71	31.70	20.75	52.45
潍坊 Weifang	47.24	6388.85	118.49	453.34	44.55	45.17	89.72
济宁 Jining	31.59	6901.76	89.78	324.87	33.76	33.78	67.54
泰安 Tai'an	21.99	3271.52	55.55	391.40	20.89	28.05	48.94
威海 Weihai	14.96	1822.13	35.08	12.06	13.19	9.34	22.53
日照 Rizhao	15.43	3252.57	41.96	372.69	15.78	6.40	22.17
莱芜 Laiwu	4.73	4800.52	16.50	124.63	6.20	4.75	10.95
临沂 Linyi	45.36	4651.98	123.10	541.14	46.28	37.58	83.86
德州 Dezhou	35.95	3556.01	67.12	14.05	25.24	22.95	48.19
聊城 Liaocheng	29.68	2965.20	61.12	0.49	22.98	31.36	54.34
滨州 Binzhou	25.78	2979.99	32.07	12.40	12.06	18.28	30.33
菏泽 Heze	41.14	2229.44	68.06	17.73	25.59	51.76	77.34

城市名称 City	部门二氧化碳排放 / 万 t Sectoral CO_2 emissions /10^4 t				
	道路 Road	铁路 Railway	水运 Waterborne navigation	航空 Aviation	交通 Transport
济南 Jinan	336.94	5.23	0.00	23.43	365.60
青岛 Qingdao	552.60	5.57	42.27	39.80	640.24
淄博 Zibo	186.50	5.61	0.00	0.00	192.11
枣庄 Zaozhuang	114.47	2.72	4.26	0.00	121.44
东营 Dongying	140.46	0.83	51.16	0.00	192.45
烟台 Yantai	390.59	5.53	83.98	9.14	489.24
潍坊 Weifang	339.90	10.12	6.41	1.19	357.62
济宁 Jining	258.42	7.08	12.61	0.00	278.11
泰安 Tai'an	172.93	6.33	0.00	0.00	179.26
威海 Weihai	150.21	2.48	47.75	2.61	203.05
日照 Rizhao	115.81	2.88	51.12	0.00	169.81
莱芜 Laiwu	88.59	2.09	0.00	0.00	90.69
临沂 Linyi	344.93	7.09	0.01	1.70	353.73
德州 Dezhou	272.29	5.10	0.00	0.00	277.39
聊城 Liaocheng	256.12	4.35	0.00	0.00	260.47
滨州 Binzhou	196.69	1.09	14.13	0.00	211.91
菏泽 Heze	213.16	5.63	0.00	0.00	218.79

城市名称 City	二氧化碳汇总排放 / 万 t CO_2 emissions /10^4 t				
	能源 Energy	工业 Industrial total	间接 Indirect	直接 Direct	总排放 Total
济南 Jinan	7365.47	7349.69	1265.94	7940.82	9206.76
青岛 Qingdao	6519.30	5598.50	1023.05	6519.30	7542.34
淄博 Zibo	8581.37	9209.55	815.42	9541.95	10357.37
枣庄 Zaozhuang	3454.20	4592.34	561.23	4821.04	5382.26
东营 Dongying	2083.64	1842.15	522.94	2096.83	2619.77
烟台 Yantai	4088.82	4032.76	705.70	4686.54	5392.23
潍坊 Weifang	7001.92	6842.20	1274.23	7455.26	8729.49
济宁 Jining	7368.78	7226.63	0.00	7693.65	7693.65
泰安 Tai'an	3577.25	3662.92	0.00	3968.65	3968.65
威海 Weihai	2097.74	1834.19	263.58	2109.80	2373.38
日照 Rizhao	3501.94	3625.27	0.00	3874.64	3874.64
莱芜 Laiwu	4923.39	4925.15	0.00	5048.02	5048.02
临沂 Linyi	5258.04	5193.12	805.76	5799.17	6604.94
德州 Dezhou	3984.66	3570.06	0.00	3998.71	3998.71
聊城 Liaocheng	3370.80	2965.69	410.17	3371.29	3781.46
滨州 Binzhou	3280.09	2992.39	131.02	3292.49	3423.51
菏泽 Heze	2634.77	2247.17	121.29	2652.50	2773.80

城市名称 City	人均排放 /t Per capita emissions/t	单位 GDP 二氧化碳排放 /（t/ 万元）CO_2 emissions per GDP /（t/10^4 RMB）				地均排放 /（t/km^2）Per land area emissions/（t/km^2）	碳生产率 /（万元 /t）Carbon productivity/（10^4 RMB/t）
		总 GDP Gross Domestic Product	第一产业 Primary industry	第二产业 Secondary industry	第三产业 Tertiary industry		
济南 Jinan	13.51	2.35	0.10	4.49	0.24	11259.34	0.42
青岛 Qingdao	8.65	1.33	0.11	2.03	0.30	6870.42	0.75
淄博 Zibo	22.86	3.61	0.12	5.21	0.28	17363.57	0.28
枣庄 Zaozhuang	14.43	3.95	0.10	5.61	0.43	11795.45	0.25
东营 Dongying	12.87	1.11	0.21	1.08	0.39	3306.54	0.90
烟台 Yantai	7.74	1.24	0.08	1.57	0.39	3922.77	0.81
潍坊 Weifang	9.61	2.82	0.14	3.98	0.46	5408.61	0.35
济宁 Jining	9.52	3.03	0.10	5.33	0.42	6735.23	0.33
泰安 Tai'an	7.22	1.93	0.11	3.33	0.31	5112.92	0.52
威海 Weihai	8.46	1.22	0.10	1.69	0.34	4094.14	0.82
日照 Rizhao	13.83	3.78	0.15	6.46	0.58	7245.02	0.26
莱芜 Laiwu	38.87	9.24	0.12	14.92	0.60	22475.58	0.11
临沂 Linyi	6.58	2.75	0.17	4.31	0.51	3842.09	0.36
德州 Dezhou	7.18	2.41	0.17	3.97	0.63	3861.25	0.41
聊城 Liaocheng	6.53	2.33	0.13	3.21	0.67	4345.01	0.43
滨州 Binzhou	9.13	2.21	0.17	3.53	0.44	3566.16	0.45
菏泽 Heze	3.35	2.26	0.19	3.47	0.80	2266.36	0.44

城市名称 City	部门二氧化碳排放 / 万 t Sectoral CO_2 emissions /10^4 t						
	农业 Agriculture	工业能源 Industrial energy	服务业 Service	工业过程 Industrial processes	城镇 Urban	农村 Rural	生活 Household
郑州 Zhengzhou	16.11	5240.16	15.22	404.93	45.56	75.45	121.01
开封 Kaifeng	17.47	1374.29	4.62	0.00	13.81	58.57	72.38
洛阳 Luoyang	22.46	4606.15	7.49	26.26	22.40	65.77	88.17
平顶山 Pingdingshan	17.19	4270.87	5.44	465.55	16.27	44.64	60.91
安阳 Anyang	17.08	4336.98	5.27	275.27	15.76	63.76	79.52
鹤壁 Hebi	5.06	1454.12	1.14	179.62	3.40	42.56	45.96
新乡 Xinxiang	20.01	2261.39	5.75	1039.33	17.22	88.99	106.20
焦作 Jiaozuo	9.10	4655.76	3.44	205.47	10.30	60.20	70.50
濮阳 Puyang	11.78	805.83	2.96	0.00	8.85	51.52	60.37
许昌 Xuchang	13.42	2019.89	4.71	124.13	14.09	62.78	76.87
漯河 Luohe	7.60	667.81	3.19	0.00	9.55	39.34	48.89
三门峡 Sanmenxia	10.65	2003.78	2.97	192.77	8.90	18.82	27.72
南阳 Nanyang	51.44	2484.58	9.79	490.30	29.31	107.08	136.39
商丘 Shangqiu	28.94	1139.56	5.93	0.00	17.74	153.10	170.84
信阳 Xinyang	44.01	1295.32	7.56	152.68	22.61	38.04	60.65
周口 Zhoukou	33.01	496.44	6.71	0.00	20.09	181.66	201.75
驻马店 Zhumadian	39.26	1496.57	6.60	234.74	19.74	91.94	111.68

城市名称 City	部门二氧化碳排放 / 万 t Sectoral CO_2 emissions /10^4 t				
	道路 Road	铁路 Railway	水运 Waterborne navigation	航空 Aviation	交通 Transport
郑州 Zhengzhou	150.31	10.96	0.01	57.21	218.48
开封 Kaifeng	80.52	6.27	0.00	0.00	86.79
洛阳 Luoyang	88.79	5.85	0.02	1.75	96.40
平顶山 Pingdingshan	101.16	8.19	0.01	0.00	109.37
安阳 Anyang	67.88	5.09	0.01	0.00	72.98
鹤壁 Hebi	23.76	1.74	0.00	0.00	25.50
新乡 Xinxiang	80.42	6.62	0.01	0.00	87.04
焦作 Jiaozuo	50.92	4.34	0.00	0.00	55.27
濮阳 Puyang	42.32	2.06	0.00	0.00	44.38
许昌 Xuchang	77.76	6.10	0.00	0.00	83.86
漯河 Luohe	36.15	3.98	0.00	0.00	40.13
三门峡 Sanmenxia	60.93	6.33	0.01	0.00	67.27
南阳 Nanyang	161.69	12.76	0.14	1.16	175.75
商丘 Shangqiu	99.00	5.38	0.15	0.00	104.53
信阳 Xinyang	131.26	12.45	21.43	0.00	165.14
周口 Zhoukou	117.60	7.02	19.05	0.00	143.68
驻马店 Zhumadian	109.46	6.32	0.05	0.00	115.84

城市名称 City	二氧化碳汇总排放 / 万 t CO_2 emissions /10^4 t				
	能源 Energy	工业 Industrial total	间接 Indirect	直接 Direct	总排放 Total
郑州 Zhengzhou	5610.99	5645.09	0.00	6015.92	6015.92
开封 Kaifeng	1555.55	1374.29	0.00	1555.55	1555.55
洛阳 Luoyang	4820.67	4632.41	750.86	4846.92	5597.78
平顶山 Pingdingshan	4463.78	4736.43	0.00	4929.33	4929.33
安阳 Anyang	4511.82	4612.25	491.91	4787.09	5279.01
鹤壁 Hebi	1531.78	1633.74	0.00	1711.41	1711.41
新乡 Xinxiang	2480.39	3300.72	471.00	3519.72	3990.72
焦作 Jiaozuo	4794.07	4861.24	0.00	4999.55	4999.55
濮阳 Puyang	925.32	805.83	114.43	925.32	1039.74
许昌 Xuchang	2198.76	2144.02	0.00	2322.89	2322.89
漯河 Luohe	767.62	667.81	81.09	767.62	848.71
三门峡 Sanmenxia	2112.39	2196.54	83.01	2305.16	2388.17
南阳 Nanyang	2857.95	2974.88	370.61	3348.26	3718.86
商丘 Shangqiu	1449.80	1139.56	277.91	1449.80	1727.71
信阳 Xinyang	1572.69	1448.00	0.00	1725.37	1725.37
周口 Zhoukou	881.59	496.44	1069.46	881.59	1951.06
驻马店 Zhumadian	1769.94	1731.31	271.87	2004.68	2276.56

城市名称 City	人均排放 /t Per capita emissions/t	单位 GDP 二氧化碳排放 /（t/ 万元） CO_2 emissions per GDP /（t/10^4 RMB）				地均排放 /（t/km^2） Per land area emissions/（t/km^2）	碳生产率 /（万元 /t） Carbon productivity/（10^4 RMB/t）
		总 GDP Gross Domestic Product	第一产业 Primary industry	第二产业 Secondary industry	第三产业 Tertiary industry		
郑州 Zhengzhou	6.97	1.49	0.13	2.49	0.14	8079.39	0.67
开封 Kaifeng	3.33	1.68	0.08	3.43	0.30	2413.95	0.60
洛阳 Luoyang	8.55	2.41	0.12	3.32	0.14	3682.75	0.41
平顶山 Pingdingshan	10.05	3.76	0.15	5.45	0.35	6236.50	0.27
安阳 Anyang	10.20	4.01	0.11	5.70	0.23	7121.28	0.25
鹤壁 Hebi	10.91	3.99	0.10	5.41	0.34	7843.30	0.25
新乡 Xinxiang	6.99	3.35	0.13	4.81	0.27	4885.20	0.30
焦作 Jiaozuo	14.12	4.01	0.09	5.68	0.20	12280.89	0.25
濮阳 Puyang	2.89	1.34	0.11	1.56	0.31	2437.28	0.75
许昌 Xuchang	5.39	1.76	0.09	2.38	0.33	4649.50	0.57
漯河 Luohe	3.34	1.25	0.09	1.41	0.36	3124.85	0.80
三门峡 Sanmenxia	10.69	2.73	0.15	3.67	0.34	2275.31	0.37
南阳 Nanyang	3.62	1.90	0.13	2.92	0.35	1402.87	0.53
商丘 Shangqiu	2.35	1.51	0.10	2.14	0.35	1614.08	0.66
信阳 Xinyang	2.82	1.58	0.15	3.14	0.50	915.46	0.63
周口 Zhoukou	2.18	1.59	0.09	0.89	0.49	1631.46	0.63
驻马店 Zhumadian	3.15	2.16	0.14	3.92	0.38	1509.35	0.46

城市名称 City	部门二氧化碳排放 / 万 t Sectoral CO_2 emissions /10^4 t						
	农业 Agriculture	工业能源 Industrial energy	服务业 Service	工业过程 Industrial processes	生活 Household		
					城镇 Urban	农村 Rural	生活 Household
武汉 Wuhan	40.73	7810.19	211.90	203.80	101.11	33.35	134.45
黄石 Huangshi	13.47	3236.02	31.36	462.41	14.96	24.14	39.10
十堰 Shiyan	22.82	674.18	24.55	89.65	11.71	20.73	32.44
宜昌 Yichang	28.47	2454.66	60.81	41.13	29.02	29.57	58.58
襄阳 Xiangyang	68.63	1623.20	70.73	310.58	33.75	65.41	99.15
鄂州 Ezhou	6.51	2143.04	9.98	60.53	4.76	20.91	25.67
荆门 Jingmen	51.43	1614.14	37.76	457.82	18.02	20.57	38.59
孝感 Xiaogan	49.68	1491.58	50.24	31.46	23.97	82.63	106.60
荆州 Jingzhou	78.06	777.94	85.08	12.37	40.60	69.74	110.34
黄冈 Huanggang	56.58	1410.60	61.73	249.90	29.45	75.68	105.13
咸宁 Xianning	21.90	716.21	31.87	151.70	15.21	4.90	20.10
随州 Suizhou	25.09	95.20	24.88	10.77	11.87	5.97	17.84

城市名称 City	部门二氧化碳排放 / 万 t Sectoral CO_2 emissions /10^4 t				
	道路 Road	铁路 Railway	水运 Waterborne navigation	航空 Aviation	交通 Transport
武汉 Wuhan	348.34	8.34	16.01	35.47	408.16
黄石 Huangshi	74.90	3.28	3.38	0.00	81.56
十堰 Shiyan	126.29	3.39	0.00	0.00	129.69
宜昌 Yichang	190.12	4.18	27.34	2.07	223.71
襄阳 Xiangyang	162.83	7.56	0.05	0.45	170.89
鄂州 Ezhou	34.81	0.99	2.66	0.00	38.46
荆门 Jingmen	144.52	5.67	0.58	0.00	150.76
孝感 Xiaogan	132.90	4.56	0.34	0.00	137.80
荆州 Jingzhou	133.03	1.62	16.24	0.00	150.89
黄冈 Huanggang	225.03	6.60	12.02	0.00	243.65
咸宁 Xianning	124.15	1.99	3.08	0.00	129.22
随州 Suizhou	119.09	4.65	0.00	0.00	123.74

城市名称 City	二氧化碳汇总排放 / 万 t CO_2 emissions /10^4 t				
	能源 Energy	工业 Industrial total	间接 Indirect	直接 Direct	总排放 Total
武汉 Wuhan	8605.43	8013.99	1064.28	8809.23	9873.51
黄石 Huangshi	3401.51	3698.44	208.24	3863.92	4072.16
十堰 Shiyan	883.68	763.82	0.00	973.33	973.33
宜昌 Yichang	2826.24	2495.79	0.00	2867.37	2867.37
襄阳 Xiangyang	2032.60	1933.78	0.00	2343.18	2343.18
鄂州 Ezhou	2223.65	2203.57	0.00	2284.18	2284.18
荆门 Jingmen	1892.68	2071.95	0.00	2350.49	2350.49
孝感 Xiaogan	1835.90	1523.04	291.93	1867.36	2159.29
荆州 Jingzhou	1202.31	790.31	215.65	1214.68	1430.33
黄冈 Huanggang	1877.69	1660.50	12.56	2127.59	2140.14
咸宁 Xianning	919.30	867.91	109.22	1071.00	1180.22
随州 Suizhou	286.75	105.97	68.20	297.52	365.72

城市名称 City	人均排放 /t Per capita emissions/t	单位 GDP 二氧化碳排放 /（t/ 万元）CO_2 emissions per GDP /（t/10^4 RMB）				地均排放 /（t/km^2）Per land area emissions/（t/km^2）	碳生产率 /（万元 /t）Carbon productivity/（10^4 RMB/t）
		总 GDP Gross Domestic Product	第一产业 Primary industry	第二产业 Secondary industry	第三产业 Tertiary industry		
武汉 Wuhan	10.09	1.77	0.24	3.16	0.22	11624.10	0.56
黄石 Huangshi	16.76	5.90	0.25	9.37	0.47	8879.54	0.17
十堰 Shiyan	2.91	1.32	0.29	1.90	0.60	411.03	0.76
宜昌 Yichang	7.06	1.85	0.16	2.80	0.59	1359.97	0.54
襄阳 Xiangyang	4.26	1.52	0.29	2.42	0.48	1187.99	0.66
鄂州 Ezhou	21.78	5.78	0.13	9.52	0.43	14329.84	0.17
荆门 Jingmen	8.18	3.22	0.35	5.87	0.81	1894.95	0.31
孝感 Xiaogan	4.48	2.70	0.29	4.22	0.70	2423.45	0.37
荆州 Jingzhou	2.51	1.71	0.34	2.43	0.84	1015.00	0.59
黄冈 Huanggang	3.47	2.48	0.23	5.06	1.06	1225.95	0.40
咸宁 Xianning	4.79	2.27	0.22	3.65	0.89	1196.86	0.44
随州 Suizhou	1.69	0.91	0.29	0.58	1.11	379.54	1.10

城市名称 City	部门二氧化碳排放 / 万 t Sectoral CO_2 emissions / 10^4 t						
	农业 Agriculture	工业能源 Industrial energy	服务业 Service	工业过程 Industrial processes	城镇 Urban	农村 Rural	生活 Household
长沙 Changsha	39.07	1477.85	81.89	469.24	21.03	100.35	121.37
株洲 Zhuzhou	30.07	1691.24	34.81	189.63	8.94	54.36	63.29
湘潭 Xiangtan	18.04	1684.15	24.60	93.55	6.32	36.73	43.05
衡阳 Hengyang	63.91	3229.30	63.58	75.81	16.32	63.55	79.88
邵阳 Shaoyang	65.45	967.02	43.33	133.80	11.13	56.36	67.49
岳阳 Yueyang	59.30	1680.28	43.14	44.58	11.08	46.45	57.53
常德 Changde	82.52	1108.92	40.51	308.29	10.40	93.54	103.94
张家界 Zhangjiajie	21.63	49.60	3.56	41.10	0.91	6.83	7.75
益阳 Yiyang	46.67	752.80	24.26	30.17	6.23	53.30	59.53
郴州 Chenzhou	38.09	2422.53	25.23	320.00	6.48	68.39	74.87
永州 Yongzhou	65.93	297.28	33.54	205.61	8.61	40.93	49.55
怀化 Huaihua	45.38	569.88	21.98	242.14	5.64	40.48	46.13
娄底 Loudi	31.27	3247.84	23.67	354.36	6.08	44.82	50.90

城市名称 City	部门二氧化碳排放 / 万 t Sectoral CO_2 emissions /10^4 t				
	道路 Road	铁路 Railway	水运 Waterborne navigation	航空 Aviation	交通 Transport
长沙 Changsha	170.63	2.86	9.43	52.33	235.25
株洲 Zhuzhou	110.91	7.35	0.63	0.00	118.90
湘潭 Xiangtan	84.79	3.77	2.13	0.00	90.69
衡阳 Hengyang	180.68	7.82	0.48	0.00	188.98
邵阳 Shaoyang	139.51	2.20	0.00	0.00	141.71
岳阳 Yueyang	103.67	4.74	22.88	0.00	131.29
常德 Changde	128.16	4.65	3.11	1.01	136.94
张家界 Zhangjiajie	38.61	2.80	0.00	4.24	45.64
益阳 Yiyang	55.63	3.17	2.85	0.00	61.65
郴州 Chenzhou	101.01	7.56	0.02	0.00	108.59
永州 Yongzhou	119.15	2.90	0.00	0.12	122.17
怀化 Huaihua	159.92	11.72	0.06	0.49	172.20
娄底 Loudi	38.70	6.71	0.00	0.00	45.41

城市名称 City	二氧化碳汇总排放 / 万 t CO_2 emissions /10^4 t				
	能源 Energy	工业 Industrial total	间接 Indirect	直接 Direct	总排放 Total
长沙 Changsha	1955.43	1947.09	535.16	2424.68	2959.83
株洲 Zhuzhou	1938.31	1880.87	0.00	2127.95	2127.95
湘潭 Xiangtan	1860.54	1777.70	142.57	1954.09	2096.66
衡阳 Hengyang	3625.65	3305.11	344.64	3701.46	4046.10
邵阳 Shaoyang	1284.99	1100.82	255.92	1418.79	1674.71
岳阳 Yueyang	1971.54	1724.86	0.00	2016.12	2016.12
常德 Changde	1472.83	1417.21	56.77	1781.12	1837.89
张家界 Zhangjiajie	128.18	90.70	0.00	169.28	169.28
益阳 Yiyang	944.92	782.96	0.00	975.08	975.08
郴州 Chenzhou	2669.31	2742.53	0.00	2989.31	2989.31
永州 Yongzhou	568.47	502.89	400.55	774.09	1174.63
怀化 Huaihua	855.56	812.02	75.27	1097.70	1172.97
娄底 Loudi	3399.10	3602.20	64.46	3753.46	3817.92

城市名称 City	人均排放 /t Per capita emissions/t	单位 GDP 二氧化碳排放 /（t/ 万元）CO_2 emissions per GDP /（$t/10^4$ RMB）				地均排放 /（t/km^2）Per land area emissions/（t/km^2）	碳生产率 /（万元 /t）Carbon productivity/（10^4 RMB/t）
		总 GDP Gross Domestic Product	第一产业 Primary industry	第二产业 Secondary industry	第三产业 Tertiary industry		
长沙 Changsha	4.20	0.65	0.19	0.80	0.17	2504.94	1.54
株洲 Zhuzhou	5.52	1.67	0.24	2.55	0.37	1892.01	0.60
湘潭 Xiangtan	7.62	2.35	0.19	3.56	0.39	4180.78	0.43
衡阳 Hengyang	5.66	2.85	0.24	5.12	0.50	2644.68	0.35
邵阳 Shaoyang	2.37	2.30	0.38	3.96	0.67	803.99	0.43
岳阳 Yueyang	3.68	1.31	0.28	2.07	0.36	1336.33	0.76
常德 Changde	3.22	1.23	0.29	2.07	0.34	1010.39	0.81
张家界 Zhangjiajie	1.15	0.70	0.69	1.51	0.33	177.89	1.43
益阳 Yiyang	2.26	1.37	0.29	2.71	0.33	802.93	0.73
郴州 Chenzhou	6.52	2.76	0.30	4.61	0.37	1517.49	0.36
永州 Yongzhou	2.26	1.53	0.35	1.80	0.52	523.43	0.65
怀化 Huaihua	2.47	1.74	0.47	2.81	0.67	424.62	0.58
娄底 Loudi	10.09	5.63	0.31	9.87	0.32	4703.61	0.18

湖南 Hunan—表4

城市名称 City	部门二氧化碳排放 / 万 t Sectoral CO_2 emissions /10^4 t						
	农业 Agriculture	工业能源 Industrial energy	服务业 Service	工业过程 Industrial processes	生活 Household		
					城镇 Urban	农村 Rural	
广州 Guangzhou	15.66	3885.72	57.44	5.31	28.72	4.26	32.98
韶关 Shaoguan	22.86	2167.30	6.46	217.49	3.23	0.43	3.67
深圳 Shenzhen	1.50	4897.19	53.88	0.00	26.94	0.89	27.83
珠海 Zhuhai	3.32	1870.84	5.49	0.00	2.75	0.27	3.02
汕头 Shantou	5.72	1811.61	12.36	0.00	6.18	6.24	12.43
佛山 Foshan	6.63	3292.72	21.76	0.00	10.88	8.68	19.56
江门 Jiangmen	19.42	2527.51	10.77	127.48	5.39	2.95	8.34
湛江 Zhanjiang	43.96	1083.25	20.81	99.41	10.41	3.06	13.46
茂名 Maoming	22.52	780.06	11.27	87.53	5.63	3.87	9.50
肇庆 Zhaoqing	16.74	1814.14	6.81	256.07	3.41	1.29	4.70
惠州 Huizhou	19.48	1110.79	8.16	476.06	4.08	3.20	7.28

城市名称 City	部门二氧化碳排放 / 万 t Sectoral CO_2 emissions /10^4 t						
	农业 Agriculture	工业能源 Industrial energy	服务业 Service	工业过程 Industrial processes	城镇 Urban	农村 Rural	生活 Household
梅州 Meizhou	17.12	1381.70	5.22	673.00	2.61	1.56	4.18
汕尾 Shanwei	9.72	556.03	4.02	0.00	2.01	1.35	3.36
河源 Heyuan	13.42	3313.06	5.31	87.02	2.65	0.36	3.02
阳江 Yangjiang	16.96	918.99	4.82	108.63	2.41	2.00	4.41
清远 Qingyuan	28.53	1384.02	5.63	918.15	2.82	1.71	4.52
东莞 Dongguan	2.55	4266.69	29.04	0.00	14.52	12.53	27.05
中山 Zhongshan	3.91	765.44	10.31	0.00	5.16	2.35	7.51
潮州 Chaozhou	7.12	989.47	4.78	0.00	2.39	2.95	5.33
揭阳 Jieyang	13.61	795.79	9.78	0.00	4.89	4.84	9.73
云浮 Yunfu	12.07	812.40	4.64	189.45	2.32	0.83	3.16

城市名称 City	部门二氧化碳排放 / 万 t Sectoral CO_2 emissions /10^4 t				
	道路 Road	铁路 Railway	水运 Waterborne navigation	航空 Aviation	交通 Transport
广州 Guangzhou	747.41	2.21	101.91	236.30	1087.83
韶关 Shaoguan	286.34	4.27	0.18	0.00	290.79
深圳 Shenzhen	347.35	1.19	67.79	157.69	574.02
珠海 Zhuhai	69.51	0.00	111.15	8.57	189.22
汕头 Shantou	103.53	0.21	33.26	0.00	137.00
佛山 Foshan	423.55	0.74	7.54	0.52	432.34
江门 Jiangmen	315.22	0.00	40.10	0.00	355.32
湛江 Zhanjiang	276.62	3.24	38.29	2.13	320.26
茂名 Maoming	149.24	1.91	16.31	0.00	167.46
肇庆 Zhaoqing	208.26	1.07	5.00	0.00	214.33
惠州 Huizhou	361.67	1.19	29.03	0.00	391.90

城市名称 City	部门二氧化碳排放 / 万 t Sectoral CO_2 emissions /10^4 t				
	道路 Road	铁路 Railway	水运 Waterborne navigation	航空 Aviation	交通 Transport
梅州 Meizhou	252.30	4.65	0.00	0.21	257.16
汕尾 Shanwei	94.53	0.00	21.63	0.00	116.17
河源 Heyuan	214.02	3.29	0.02	0.00	217.33
阳江 Yangjiang	166.38	2.43	25.80	0.00	194.62
清远 Qingyuan	293.47	1.82	3.65	0.00	298.93
东莞 Dongguan	344.56	1.17	30.99	0.00	376.72
中山 Zhongshan	154.26	0.00	12.20	0.00	166.47
潮州 Chaozhou	59.13	0.43	1.31	0.00	60.87
揭阳 Jieyang	171.35	0.56	9.45	0.00	181.37
云浮 Yunfu	127.00	1.79	1.42	0.00	130.20

城市名称 City	二氧化碳汇总排放 / 万 t CO_2 emissions /10^4 t				
	能源 Energy	工业 Industrial total	间接 Indirect	直接 Direct	总排放 Total
广州 Guangzhou	5079.63	3891.03	2254.26	5084.94	7339.20
韶关 Shaoguan	2491.08	2384.79	0.00	2708.56	2708.56
深圳 Shenzhen	5554.42	4897.19	465.06	5554.42	6019.48
珠海 Zhuhai	2071.89	1870.84	0.00	2071.89	2071.89
汕头 Shantou	1979.12	1811.61	0.00	1979.12	1979.12
佛山 Foshan	3773.01	3292.72	1157.30	3773.01	4930.31
江门 Jiangmen	2921.36	2654.98	0.00	3048.84	3048.84
湛江 Zhanjiang	1481.75	1182.66	39.11	1581.16	1620.26
茂名 Maoming	990.81	867.60	167.04	1078.35	1245.38
肇庆 Zhaoqing	2056.71	2070.21	486.86	2312.79	2799.65
惠州 Huizhou	1537.61	1586.85	569.73	2013.67	2583.40

城市名称 City	二氧化碳汇总排放 / 万 t CO_2 emissions /10^4 t				
	能源 Energy	工业 Industrial total	间接 Indirect	直接 Direct	总排放 Total
梅州 Meizhou	1665.38	2054.71	64.35	2338.39	2402.74
汕尾 Shanwei	689.31	556.03	0.00	689.31	689.31
河源 Heyuan	3552.14	3400.08	0.00	3639.16	3639.16
阳江 Yangjiang	1139.81	1027.62	0.00	1248.44	1248.44
清远 Qingyuan	1721.64	2302.17	363.35	2639.79	3003.14
东莞 Dongguan	4702.04	4266.69	1434.67	4702.04	6136.71
中山 Zhongshan	953.63	765.44	555.07	953.63	1508.70
潮州 Chaozhou	1067.57	989.47	0.00	1067.57	1067.57
揭阳 Jieyang	1010.27	795.79	125.21	1010.27	1135.48
云浮 Yunfu	962.46	1001.84	0.00	1151.91	1151.91

城市名称 City	人均排放 /t Per capita emissions/t	单位 GDP 二氧化碳排放 /（t/万元） CO_2 emissions per GDP / ($t/10^4$ RMB)				地均排放 /（t/km^2） Per land area emissions/（t/km^2）	碳生产率 /（万元 /t） Carbon productivity/（10^4 RMB/t）
		总 GDP Gross Domestic Product	第一产业 Primary industry	第二产业 Secondary industry	第三产业 Tertiary industry		
广州 Guangzhou	5.78	0.68	0.08	0.97	0.17	9872.47	1.46
韶关 Shaoguan	9.58	3.97	0.24	8.36	0.98	1467.02	0.25
深圳 Shenzhen	5.81	0.63	0.22	1.08	0.12	30218.28	1.59
珠海 Zhuhai	13.26	1.71	0.10	2.83	0.38	12109.26	0.58
汕头 Shantou	3.67	1.64	0.09	2.67	0.32	9588.74	0.61
佛山 Foshan	6.85	0.87	0.06	0.93	0.23	12981.33	1.15
江门 Jiangmen	6.85	1.94	0.17	3.04	0.63	3186.50	0.52
湛江 Zhanjiang	2.32	1.15	0.15	2.05	0.63	1225.15	0.87
茂名 Maoming	2.14	0.83	0.08	1.47	0.29	1086.91	1.20
肇庆 Zhaoqing	7.15	2.58	0.09	4.53	0.50	1810.43	0.39
惠州 Huizhou	5.62	1.49	0.19	1.56	0.66	2277.53	0.67

城市名称 City	人均排放 /t Per capita emissions/t	单位 GDP 二氧化碳排放 /（t/ 万元）CO_2 emissions per GDP /（$t/10^4$ RMB）				地均排放 /（t/km^2）Per land area emissions/（t/km^2）	碳生产率 /（万元 /t）Carbon productivity/（10^4 RMB/t）
		总 GDP Gross Domestic Product	第一产业 Primary industry	第二产业 Secondary industry	第三产业 Tertiary industry		
梅州 Meizhou	5.67	3.92	0.14	8.14	1.11	1493.40	0.26
汕尾 Shanwei	2.35	1.48	0.13	2.61	0.69	1307.75	0.67
河源 Heyuan	12.34	7.66	0.22	13.91	1.31	2326.53	0.13
阳江 Yangjiang	5.16	1.95	0.12	3.78	0.87	1571.15	0.51
清远 Qingyuan	8.12	2.76	0.24	3.74	0.87	1577.61	0.36
东莞 Dongguan	7.47	1.45	0.15	1.97	0.20	24945.99	0.69
中山 Zhongshan	4.83	0.82	0.08	0.71	0.24	8381.66	1.23
潮州 Chaozhou	4.00	1.91	0.18	3.20	0.31	3393.43	0.52
揭阳 Jieyang	1.93	1.12	0.12	1.37	0.60	2156.25	0.89
云浮 Yunfu	4.87	2.87	0.12	6.07	1.00	1480.79	0.35

城市名称 City	部门二氧化碳排放 / 万 t Sectoral CO_2 emissions /10^4 t						
	农业 Agriculture	工业能源 Industrial energy	服务业 Service	工业过程 Industrial processes	生活 Household		
					城镇 Urban	农村 Rural	生活 Household
南宁 Nanning	12.43	646.78	33.26	409.47	19.78	1.45	21.23
柳州 Liuzhou	5.37	3115.34	15.80	370.83	9.40	0.54	9.94
桂林 Guilin	8.39	813.04	13.87	364.22	8.25	0.92	9.16
梧州 Wuzhou	2.30	135.86	5.47	33.47	3.25	0.67	3.92
北海 Beihai	2.84	470.91	4.90	50.55	2.91	1.71	4.62
防城港 Fangchenggang	1.32	828.66	1.66	77.26	0.99	0.14	1.12
钦州 Qinzhou	5.64	668.16	4.27	24.01	2.54	1.42	3.95
贵港 Guigang	7.17	1335.39	6.45	1147.83	3.84	2.06	5.89
玉林 Yulin	5.00	364.65	9.48	426.06	5.64	1.72	7.36
百色 Baise	8.49	1926.67	4.87	286.73	2.90	0.77	3.67
贺州 Hezhou	3.20	286.07	2.93	21.53	1.74	0.38	2.12
河池 Hechi	5.90	1299.26	5.03	120.06	2.99	0.51	3.50
来宾 Laibin	6.91	1152.30	3.01	4.16	1.79	0.93	2.72
崇左 Chongzuo	6.98	285.38	3.48	310.31	2.07	0.65	2.72

城市名称 City	部门二氧化碳排放 / 万 t Sectoral CO_2 emissions /10^4 t				
	道路 Road	铁路 Railway	水运 Waterborne navigation	航空 Aviation	交通 Transport
南宁 Nanning	206.08	6.93	6.39	36.48	255.89
柳州 Liuzhou	109.76	7.63	0.93	2.14	120.46
桂林 Guilin	146.88	4.44	0.00	32.53	183.84
梧州 Wuzhou	98.80	0.00	17.45	0.24	116.49
北海 Beihai	46.80	1.03	30.68	4.18	82.70
防城港 Fangchenggang	15.90	0.54	14.88	0.00	31.31
钦州 Qinzhou	48.42	2.69	12.02	0.00	63.13
贵港 Guigang -	30.94	1.56	24.58	0.00	57.08
玉林 Yulin	59.68	2.35	0.00	0.00	62.03
百色 Baise	145.61	4.09	0.01	0.34	150.06
贺州 Hezhou	72.37	0.00	0.00	0.00	72.37
河池 Hechi	122.76	6.73	0.06	0.00	129.55
来宾 Laibin	43.96	2.52	4.39	0.00	50.87
崇左 Chongzuo	68.31	3.05	0.21	0.00	71.57

城市名称 City	二氧化碳汇总排放 / 万 t CO_2 emissions /10^4 t				
	能源 Energy	工业 Industrial total	间接 Indirect	直接 Direct	总排放 Total
南宁 Nanning	969.59	1056.26	0.00	1379.06	1379.06
柳州 Liuzhou	3266.91	3486.18	273.29	3637.75	3911.04
桂林 Guilin	1028.30	1177.26	56.64	1392.52	1449.16
梧州 Wuzhou	264.04	169.33	22.09	297.51	319.60
北海 Beihai	565.98	521.47	0.00	616.53	616.53
防城港 Fangchenggang	864.08	905.92	0.00	941.34	941.34
钦州 Qinzhou	745.15	692.17	0.00	769.16	769.16
贵港 Guigang	1411.98	2483.21	0.00	2559.81	2559.81
玉林 Yulin	448.52	790.71	254.13	874.59	1128.72
百色 Baise	2093.75	2213.39	393.84	2380.48	2774.32
贺州 Hezhou	366.70	307.60	116.01	388.23	504.23
河池 Hechi	1443.25	1419.32	0.00	1563.31	1563.31
来宾 Laibin	1215.81	1156.47	0.00	1219.98	1219.98
崇左 Chongzuo	370.13	595.69	214.13	680.44	894.57

城市名称 City	人均排放 /t Per capita emissions/t	单位 GDP 二氧化碳排放 /（t/ 万元） CO_2 emissions per GDP /（$t/10^4$ RMB）				地均排放 /（t/km²） Per land area emissions/（t/km^2）	碳生产率 /（万元 /t） Carbon productivity/（10^4 RMB/t）
		总 GDP Gross Domestic Product	第一产业 Primary industry	第二产业 Secondary industry	第三产业 Tertiary industry		
南宁 Nanning	2.07	0.77	0.05	1.62	0.32	623.67	1.31
柳州 Liuzhou	10.41	2.97	0.05	4.15	0.37	2100.79	0.34
桂林 Guilin	3.05	1.31	0.04	2.39	0.48	521.11	0.76
梧州 Wuzhou	1.11	0.55	0.03	0.50	0.77	253.89	1.81
北海 Beihai	4.01	1.55	0.03	3.11	0.62	1847.56	0.64
防城港 Fangchenggang	10.86	2.94	0.03	5.67	0.29	1512.91	0.34
钦州 Qinzhou	2.50	1.48	0.04	3.17	0.40	709.36	0.68
贵港 Guigang	6.21	4.70	0.07	10.00	0.34	2414.46	0.21
玉林 Yulin	2.06	1.34	0.03	2.12	0.24	879.20	0.74
百色 Baise	8.00	4.92	0.08	7.26	1.01	770.17	0.20
贺州 Hezhou	2.58	1.70	0.05	2.20	0.80	425.33	0.59
河池 Hechi	4.64	3.34	0.06	6.56	0.87	475.07	0.30
来宾 Laibin	5.81	3.01	0.07	6.02	0.47	909.68	0.33
崇左 Chongzuo	4.49	2.28	0.06	4.00	0.58	514.54	0.44

城市名称 City	部门二氧化碳排放 / 万 t Sectoral CO_2 emissions / 10^4 t						
	农业 Agriculture	工业能源 Industrial energy	服务业 Service	工业过程 Industrial processes	城镇 Urban	农村 Rural	生活 Household
成都 Chengdu	17.18	2106.28	78.47	274.59	371.11	521.95	893.06
自贡 Zigong	8.50	804.42	5.94	64.93	28.09	20.09	48.18
攀枝花 Panzhihua	2.95	2472.00	4.19	98.13	19.81	3.55	23.36
泸州 Luzhou	17.98	1394.63	7.93	133.65	37.53	71.26	108.79
德阳 Deyang	11.27	865.38	13.54	334.24	64.04	45.43	109.47
绵阳 Mianyang	22.51	1178.45	16.91	391.14	79.96	99.91	179.87
广元 Guangyuan	16.43	290.64	4.86	257.83	22.98	17.00	39.98
遂宁 Suining	11.50	140.40	12.86	0.00	60.80	23.30	84.11
内江 Neijiang	12.35	1941.72	9.49	131.44	44.89	34.76	79.65
乐山 Leshan	14.28	1844.41	5.68	745.34	26.85	65.21	92.06

城市名称 City	部门二氧化碳排放 / 万 t Sectoral CO_2 emissions /10^4 t						
	农业 Agriculture	工业能源 Industrial energy	服务业 Service	工业过程 Industrial processes	城镇 Urban	农村 Rural	生活 Household
南充 Nanchong	28.23	185.74	19.92	0.00	94.20	72.67	166.86
眉山 Meishan	12.50	877.56	8.02	45.04	37.94	18.60	56.53
宜宾 Yibin	20.34	1540.40	9.12	95.83	43.14	19.77	62.90
广安 Guang'an	12.54	1650.78	8.59	0.41	40.61	34.74	75.36
达州 Dazhou	20.88	2300.44	14.99	351.08	70.91	17.31	88.22
雅安 Ya'an	5.11	216.16	3.02	35.78	14.29	4.35	18.64
巴中 Bazhong	15.18	54.10	6.21	49.97	29.36	21.62	50.98
资阳 Ziyang	19.49	200.62	6.96	18.06	32.92	24.54	57.46

城市名称 City	部门二氧化碳排放 / 万 t Sectoral CO_2 emissions /10^4 t				
	道路 Road	铁路 Railway	水运 Waterborne navigation	航空 Aviation	交通 Transport
成都 Chengdu	358.18	5.24	0.00	297.49	660.91
自贡 Zigong	31.56	0.59	0.00	0.00	32.14
攀枝花 Panzhihua	64.39	2.58	0.00	1.89	68.86
泸州 Luzhou	87.66	0.62	6.35	2.54	97.17
德阳 Deyang	89.19	3.24	0.00	0.00	92.42
绵阳 Mianyang	118.96	2.09	0.00	6.03	127.08
广元 Guangyuan	149.12	3.28	0.00	0.47	152.87
遂宁 Suining	106.58	1.26	0.00	0.00	107.83
内江 Neijiang	97.85	2.18	0.00	0.00	100.03
乐山 Leshan	75.09	2.20	0.42	0.00	77.71

城市名称 City	部门二氧化碳排放 / 万 t Sectoral CO_2 emissions /10^4 t				
	道路 Road	铁路 Railway	水运 Waterborne navigation	航空 Aviation	交通 Transport
南充 Nanchong	130.24	1.68	0.00	1.20	133.13
眉山 Meishan	73.15	0.78	0.00	0.00	73.93
宜宾 Yibin	66.37	2.48	4.44	2.99	76.28
广安 Guang'an	94.09	0.92	0.02	0.00	95.04
达州 Dazhou	125.24	4.93	0.00	0.00	130.17
雅安 Ya'an	117.47	0.25	0.00	0.00	117.73
巴中 Bazhong	32.75	0.01	0.00	0.00	32.75
资阳 Ziyang	75.33	1.44	0.00	0.00	76.78

城市名称 City	二氧化碳汇总排放 / 万 t CO_2 emissions /10^4 t				
	能源 Energy	工业 Industrial total	间接 Indirect	直接 Direct	总排放 Total
成都 Chengdu	3755.90	2380.87	0.00	4030.49	4030.49
自贡 Zigong	899.18	869.35	188.39	964.11	1152.50
攀枝花 Panzhihua	2571.36	2570.13	181.58	2669.48	2851.06
泸州 Luzhou	1626.50	1528.28	160.48	1760.15	1920.63
德阳 Deyang	1092.09	1199.62	493.07	1426.32	1919.39
绵阳 Mianyang	1524.81	1569.60	0.00	1915.96	1915.96
广元 Guangyuan	504.78	548.47	110.53	762.60	873.14
遂宁 Suining	356.69	140.40	91.48	356.69	448.17
内江 Neijiang	2143.24	2073.16	0.00	2274.68	2274.68
乐山 Leshan	2034.14	2589.75	0.00	2779.48	2779.48

城市名称 City	二氧化碳汇总排放 / 万 t CO$_2$ emissions /10^4 t				
	能源 Energy	工业 Industrial total	间接 Indirect	直接 Direct	总排放 Total
南充 Nanchong	533.88	185.74	446.43	533.88	980.30
眉山 Meishan	1028.55	922.60	245.78	1073.59	1319.38
宜宾 Yibin	1709.05	1636.23	266.17	1804.88	2071.05
广安 Guang'an	1842.30	1651.19	0.00	1842.71	1842.71
达州 Dazhou	2554.69	2651.51	185.74	2905.77	3091.52
雅安 Ya'an	360.66	251.94	0.00	396.45	396.45
巴中 Bazhong	159.22	104.07	310.88	209.19	520.07
资阳 Ziyang	361.31	218.68	111.10	379.37	490.47

城市名称 City	人均排放 /t Per capita emissions/t	单位 GDP 二氧化碳排放 /（t/ 万元） CO_2 emissions per GDP /（$t/10^4$ RMB）				地均排放 /（t/km^2） Per land area emissions/（t/km^2）	碳生产率 /（万元 /t） Carbon productivity/（10^4 RMB/t）
		总 GDP Gross Domestic Product	第一产业 Primary industry	第二产业 Secondary industry	第三产业 Tertiary industry		
成都 Chengdu	2.87	0.73	0.06	0.96	0.27	3322.20	1.38
自贡 Zigong	4.30	1.78	0.10	2.34	0.20	2635.50	0.56
攀枝花 Panzhihua	23.48	5.44	0.14	6.65	0.63	3832.07	0.18
泸州 Luzhou	4.55	2.69	0.17	3.79	0.52	1570.68	0.37
德阳 Deyang	5.31	2.08	0.07	2.25	0.45	3247.15	0.48
绵阳 Mianyang	4.15	2.00	0.14	3.35	0.44	946.20	0.50
广元 Guangyuan	3.51	2.71	0.21	4.36	1.32	535.04	0.37
遂宁 Suining	1.38	0.90	0.11	0.55	0.92	841.63	1.11
内江 Neijiang	6.14	3.30	0.11	4.94	0.69	4223.32	0.30
乐山 Leshan	8.59	3.74	0.14	5.85	0.41	2167.06	0.27

城市名称 City	人均排放 /t Per capita emissions/t	单位 GDP 二氧化碳排放 /（t/ 万元）CO_2 emissions per GDP /（t/10^4 RMB）				地均排放 /（t/km^2）Per land area emissions/（t/km^2）	碳生产率 /（万元 /t）Carbon productivity/（10^4 RMB/t）
		总 GDP Gross Domestic Product	第一产业 Primary industry	第二产业 Secondary industry	第三产业 Tertiary industry		
南充 Nanchong	1.56	1.18	0.14	0.46	0.68	785.56	0.84
眉山 Meishan	4.47	2.39	0.12	3.04	0.56	1836.04	0.42
宜宾 Yibin	4.63	2.38	0.15	3.15	0.39	1560.59	0.42
广安 Guang'an	5.75	3.43	0.11	6.37	0.62	2904.66	0.29
达州 Dazhou	5.65	3.77	0.11	6.47	0.68	1863.37	0.26
雅安 Ya'an	2.63	1.38	0.10	1.60	1.53	259.08	0.72
巴中 Bazhong	1.58	1.85	0.19	1.10	0.37	422.78	0.54
资阳 Ziyang	1.34	0.75	0.13	0.63	0.53	616.01	1.34

城市名称 City	部门二氧化碳排放 / 万 t Sectoral CO_2 emissions / 10^4 t						
	农业 Agriculture	工业能源 Industrial energy	服务业 Service	工业过程 Industrial processes	城镇 Urban	农村 Rural	生活 Household
贵阳 Guiyang	11.71	1920.14	200.31	53.52	142.46	426.93	569.40
六盘水 Liupanshui	14.19	5694.07	64.84	172.90	46.11	20.28	66.39
遵义 Zunyi	47.43	1749.20	114.95	262.64	81.75	93.78	175.53
安顺 Anshun	13.51	795.80	30.46	88.09	21.66	79.91	101.58

城市名称 City	部门二氧化碳排放 / 万 t Sectoral CO_2 emissions /10^4 t				
	道路 Road	铁路 Railway	水运 Waterborne navigation	航空 Aviation	交通 Transport
贵阳 Guiyang	97.36	6.29	0.02	15.93	119.61
六盘水 Liupanshui	32.73	5.52	0.00	0.00	38.26
遵义 Zunyi	115.48	3.98	1.11	0.00	120.56
安顺 Anshun	61.23	2.28	0.01	0.00	63.52

城市名称 City	二氧化碳汇总排放 / 万 t CO$_2$ emissions /10^4 t				
	能源 Energy	工业 Industrial total	间接 Indirect	直接 Direct	总排放 Total
贵阳 Guiyang	2821.17	1973.66	739.58	2874.68	3614.27
六盘水 Liupanshui	5877.75	5866.97	0.00	6050.65	6050.65
遵义 Zunyi	2207.67	2011.84	0.00	2470.31	2470.31
安顺 Anshun	1004.86	883.89	0.00	1092.95	1092.95

城市名称 City	人均排放 /t Per capita emissions/t	单位 GDP 二氧化碳排放 /（t/ 万元） CO_2 emissions per GDP /（t/10^4 RMB）				地均排放 /（t/km^2） Per land area emissions/（t/km^2）	碳生产率 /（万元 /t） Carbon productivity/（10^4 RMB/t）
		总 GDP Gross Domestic Product	第一产业 Primary industry	第二产业 Secondary industry	第三产业 Tertiary industry		
贵阳 Guiyang	8.36	3.22	0.21	4.32	0.53	4498.71	0.31
六盘水 Liupanshui	21.22	12.09	0.49	19.35	0.61	6071.90	0.08
遵义 Zunyi	4.03	2.72	0.34	5.30	0.61	803.04	0.37
安顺 Anshun	4.76	4.69	0.33	9.98	0.90	1179.40	0.21

城市名称 City	部门二氧化碳排放 / 万 t Sectoral CO_2 emissions /10^4 t						
	农业 Agriculture	工业能源 Industrial energy	服务业 Service	工业过程 Industrial processes	城镇 Urban	农村 Rural	生活 Household
昆明 Kunming	25.82	3970.26	33.36	258.40	22.24	124.95	147.19
曲靖 Qujing	41.65	6897.78	13.33	486.78	8.89	128.08	136.96
玉溪 Yuxi	18.05	1311.83	5.66	23.17	3.77	51.78	55.56
保山 Baoshan	19.52	80.51	4.77	118.44	3.18	23.73	26.92
昭通 Zhaotong	41.12	229.98	3.27	130.61	2.18	32.59	34.76
丽江 Lijiang	15.92	310.76	3.18	179.98	2.12	14.04	16.16
普洱 Pu'er	45.60	161.16	5.44	147.47	3.63	3.69	7.32
临沧 Lincang	34.10	158.87	3.86	40.96	2.57	3.88	6.45

城市名称 City	部门二氧化碳排放 / 万 t Sectoral CO_2 emissions /10^4 t				
	道路 Road	铁路 Railway	水运 Waterborne navigation	航空 Aviation	交通 Transport
昆明 Kunming	197.26	4.86	0.54	74.67	277.34
曲靖 Qujing	165.73	4.00	0.00	0.00	169.73
玉溪 Yuxi	79.77	0.60	0.00	0.00	80.37
保山 Baoshan	63.76	0.00	0.00	0.50	64.26
昭通 Zhaotong	79.33	1.61	0.00	0.12	81.06
丽江 Lijiang	25.09	0.23	0.00	7.03	32.35
普洱 Pu'er	106.26	0.00	0.00	0.71	106.96
临沧 Lincang	43.81	0.00	0.00	0.42	44.23

城市名称 City	二氧化碳汇总排放 / 万 t CO_2 emissions /10^4 t				
	能源 Energy	工业 Industrial total	间接 Indirect	直接 Direct	总排放 Total
昆明 Kunming	4453.97	4228.66	33.32	4712.36	4745.68
曲靖 Qujing	7259.45	7384.56	0.00	7746.23	7746.23
玉溪 Yuxi	1471.47	1335.00	416.27	1494.63	1910.90
保山 Baoshan	195.98	198.95	151.89	314.42	466.31
昭通 Zhaotong	390.20	360.59	0.00	520.80	520.80
丽江 Lijiang	378.38	490.75	98.93	558.36	657.29
普洱 Pu'er	326.48	308.63	203.73	473.95	677.68
临沧 Lincang	247.51	199.83	0.00	288.47	288.47

城市名称 City	人均排放 /t Per capita emissions/t	单位 GDP 二氧化碳排放 /（t/ 万元） CO_2 emissions per GDP /（t/10^4 RMB）				地均排放 /（t/km^2） Per land area emissions/（t/km^2）	碳生产率 /（万元 /t） Carbon productivity/（10^4 RMB/t）
		总 GDP Gross Domestic Product	第一产业 Primary industry	第二产业 Secondary industry	第三产业 Tertiary industry		
昆明 Kunming	7.38	2.24	0.21	4.40	0.30	2258.24	0.45
曲靖 Qujing	13.23	7.70	0.23	14.02	0.62	2679.99	0.13
玉溪 Yuxi	8.30	2.59	0.26	2.92	0.41	1250.18	0.39
保山 Baoshan	1.86	1.79	0.25	2.47	0.68	237.47	0.56
昭通 Zhaotong	1.00	1.37	0.55	2.06	0.65	230.78	0.73
丽江 Lijiang	5.28	4.58	0.61	8.91	0.57	309.77	0.22
普洱 Pu'er	2.66	2.73	0.62	3.68	1.24	149.32	0.37
临沧 Lincang	1.19	1.33	0.48	2.62	0.69	117.89	0.75

城市名称 City	部门二氧化碳排放 / 万 t Sectoral CO_2 emissions /10^4 t						
	农业 Agriculture	工业能源 Industrial energy	服务业 Service	工业过程 Industrial processes	城镇 Urban	农村 Rural	生活 Household
西安 Xi'an	7.81	1349.74	123.57	119.62	286.80	143.03	429.83
铜川 Tongchuan	2.76	680.81	4.29	449.06	9.96	9.39	19.35
宝鸡 Baoji	9.52	1423.67	13.68	25.54	31.74	81.28	113.02
咸阳 Xianyang	12.94	2147.69	30.33	305.37	70.40	70.80	141.20
渭南 Weinan	17.48	5290.83	29.33	189.13	68.08	80.25	148.33
延安 Yan'an	17.85	1098.34	5.15	0.00	11.96	16.49	28.45
汉中 Hanzhong	12.41	670.19	14.55	54.39	33.76	51.97	85.73
榆林 Yulin	29.58	7822.34	7.87	4.84	18.26	40.04	58.30
安康 Ankang	9.67	165.49	10.58	159.07	24.56	21.24	45.80
商洛 Shangluo	7.25	150.82	4.48	64.60	10.40	19.65	30.05

城市名称 City	部门二氧化碳排放 / 万 t Sectoral CO_2 emissions /10^4 t				
	道路 Road	铁路 Railway	水运 Waterborne navigation	航空 Aviation	交通 Transport
西安 Xi'an	196.33	6.22	0.01	0.00	202.57
铜川 Tongchuan	36.62	2.94	0.00	0.00	39.56
宝鸡 Baoji	102.27	8.00	0.00	0.00	110.27
咸阳 Xianyang	149.07	2.92	0.00	12.92	164.90
渭南 Weinan	139.10	11.11	0.01	0.00	150.22
延安 Yan'an	158.32	6.52	0.01	0.08	164.92
汉中 Hanzhong	168.56	7.91	0.01	0.01	176.48
榆林 Yulin	289.27	8.11	0.05	0.58	298.01
安康 Ankang	148.21	7.65	0.03	0.00	155.89
商洛 Shangluo	134.42	4.82	0.00	0.00	139.25

城市名称 City	二氧化碳汇总排放 / 万 t CO_2 emissions /10^4 t				
	能源 Energy	工业 Industrial total	间接 Indirect	直接 Direct	总排放 Total
西安 Xi'an	2113.52	1469.36	769.17	2233.14	3002.31
铜川 Tongchuan	746.78	1129.87	30.87	1195.84	1226.71
宝鸡 Baoji	1670.16	1449.20	0.00	1695.69	1695.69
咸阳 Xianyang	2497.06	2453.06	0.00	2802.44	2802.44
渭南 Weinan	5636.18	5479.96	0.00	5825.31	5825.31
延安 Yan'an	1314.72	1098.34	194.72	1314.72	1509.44
汉中 Hanzhong	959.36	724.58	252.69	1013.75	1266.44
榆林 Yulin	8216.10	7827.18	0.00	8220.94	8220.94
安康 Ankang	387.43	324.56	0.00	546.50	546.50
商洛 Shangluo	331.85	215.42	114.59	396.44	511.03

城市名称 City	人均排放 /t Per capita emissions/t	单位 GDP 二氧化碳排放 /（t/ 万元）CO_2 emissions per GDP /（t/10^4 RMB）				地均排放 /（t/km^2）Per land area emissions/（t/km^2）	碳生产率 /（万元 /t）Carbon productivity/（10^4 RMB/t）
		总 GDP Gross Domestic Product	第一产业 Primary industry	第二产业 Secondary industry	第三产业 Tertiary industry		
西安 Xi'an	3.55	0.93	0.06	1.04	0.19	2970.23	1.08
铜川 Tongchuan	14.70	6.53	0.19	9.70	0.77	3159.99	0.15
宝鸡 Baoji	4.56	1.74	0.09	2.36	0.48	935.24	0.58
咸阳 Xianyang	5.50	2.55	0.06	4.28	0.61	2748.56	0.39
渭南 Weinan	11.02	7.27	0.14	13.89	0.65	4435.29	0.14
延安 Yan'an	6.90	1.70	0.25	1.73	0.95	407.55	0.59
汉中 Hanzhong	3.71	2.48	0.11	3.63	0.96	464.82	0.40
榆林 Yulin	24.53	4.68	0.32	6.49	0.67	1886.49	0.21
安康 Ankang	2.08	1.67	0.14	2.51	1.28	232.20	0.60
商洛 Shangluo	2.18	1.79	0.12	1.83	1.31	264.89	0.56

城市名称 City	部门二氧化碳排放 / 万 t Sectoral CO_2 emissions /10^4 t						
	农业 Agriculture	工业能源 Industrial energy	服务业 Service	工业过程 Industrial processes	生活 Household		
					城镇 Urban	农村 Rural	
兰州 Lanzhou	9.15	2431.93	19.01	210.09	37.99	64.36	102.35
嘉峪关 Jiayuguan	0.23	1481.40	1.09	43.74	2.17	8.65	10.82
金昌 Jinchang	3.30	960.70	2.26	87.74	4.52	12.59	17.11
白银 Baiyin	15.85	2129.01	2.82	13.54	5.65	62.34	67.98
天水 Tianshui	14.50	355.47	4.12	56.38	8.24	171.49	179.74
武威 Wuwei	16.62	220.87	4.13	23.60	8.26	38.33	46.59
张掖 Zhangye	11.48	543.10	2.83	69.89	5.66	16.40	22.06
平凉 Pingliang	13.46	1430.63	2.72	255.27	5.44	92.34	97.79
酒泉 Jiuquan	8.21	520.48	2.84	31.24	5.68	52.11	57.79
庆阳 Qingyang	23.42	114.47	3.67	9.04	7.33	99.29	106.62
定西 Dingxi	17.47	68.06	6.50	8.44	13.00	81.12	94.12
陇南 Longnan	16.39	163.09	1.54	80.79	3.08	48.95	52.04

城市名称 City	部门二氧化碳排放 / 万 t Sectoral CO_2 emissions /10^4 t				
	道路 Road	铁路 Railway	水运 Waterborne navigation	航空 Aviation	交通 Transport
兰州 Lanzhou	61.38	9.65	0.00	9.05	80.09
嘉峪关 Jiayuguan	5.67	2.62	0.00	0.31	8.60
金昌 Jinchang	15.02	3.05	0.00	0.00	18.07
白银 Baiyin	36.01	6.81	0.00	0.00	42.81
天水 Tianshui	44.00	4.75	0.00	0.00	48.76
武威 Wuwei	28.53	6.15	0.00	0.00	34.68
张掖 Zhangye	41.58	7.49	0.00	0.00	49.07
平凉 Pingliang	32.31	2.16	0.00	0.00	34.47
酒泉 Jiuquan	92.21	15.33	0.00	0.46	108.01
庆阳 Qingyang	31.06	0.00	0.00	0.04	31.11
定西 Dingxi	50.69	3.10	0.00	0.00	53.79
陇南 Longnan	23.20	1.21	0.00	0.00	24.41

城市名称 City	二氧化碳汇总排放 / 万 t CO_2 emissions /10^4 t				
	能源 Energy	工业 Industrial total	间接 Indirect	直接 Direct	总排放 Total
兰州 Lanzhou	2642.53	2642.02	237.03	2852.62	3089.65
嘉峪关 Jiayuguan	1502.14	1525.14	37.60	1545.88	1583.48
金昌 Jinchang	1001.44	1048.44	0.00	1089.19	1089.19
白银 Baiyin	2258.48	2142.55	0.00	2272.02	2272.02
天水 Tianshui	602.58	411.85	509.44	658.96	1168.40
武威 Wuwei	322.90	244.47	157.05	346.50	503.55
张掖 Zhangye	628.55	612.99	0.00	698.44	698.44
平凉 Pingliang	1579.07	1685.89	0.00	1834.34	1834.34
酒泉 Jiuquan	697.32	551.72	0.00	728.56	728.56
庆阳 Qingyang	279.30	123.52	463.97	288.34	752.30
定西 Dingxi	239.94	76.51	138.27	248.38	386.65
陇南 Longnan	257.47	243.88	0.00	338.26	338.26

城市名称 City	人均排放 /t Per capita emissions/t	单位 GDP 二氧化碳排放 /（t/ 万元） CO_2 emissions per GDP /（t/10^4 RMB）				地均排放 /（t/km^2） Per land area emissions/（t/km^2）	碳生产率 /（万元 /t） Carbon productivity/（10^4 RMB/t）
		总 GDP Gross Domestic Product	第一产业 Primary industry	第二产业 Secondary industry	第三产业 Tertiary industry		
兰州 Lanzhou	8.54	2.81	0.27	4.99	0.18	2361.04	0.36
嘉峪关 Jiayuguan	68.30	8.59	0.09	10.32	0.28	5395.16	0.12
金昌 Jinchang	23.47	5.17	0.30	6.28	0.63	1224.36	0.19
白银 Baiyin	13.30	7.30	0.42	12.52	0.45	1073.84	0.14
天水 Tianshui	3.58	3.89	0.24	3.64	0.42	813.70	0.26
武威 Wuwei	2.77	2.20	0.27	2.67	0.51	151.50	0.45
张掖 Zhangye	5.82	3.28	0.18	8.13	0.69	166.60	0.30
平凉 Pingliang	8.87	7.91	0.27	15.50	0.51	1642.20	0.13
酒泉 Jiuquan	6.65	1.80	0.15	2.63	0.79	37.56	0.56
庆阳 Qingyang	3.40	2.10	0.46	0.57	0.38	277.41	0.48
定西 Dingxi	1.43	2.48	0.37	1.95	0.87	190.19	0.40
陇南 Longnan	1.32	2.00	0.37	5.03	0.34	121.18	0.50

城市名称 City	部门二氧化碳排放 / 万 t Sectoral CO_2 emissions /10^4 t						
	农业 Agriculture	工业能源 Industrial energy	服务业 Service	工业过程 Industrial processes	城镇 Urban	农村 Rural	生活 Household
银川 Yinchuan	4.12	3477.64	15.51	146.61	28.14	42.00	70.14
石嘴山 Shizuishan	2.38	3298.74	4.45	63.05	8.08	5.87	13.95
吴忠 Wuzhong	8.73	2789.43	4.65	332.62	8.45	28.32	36.76
固原 Guyuan	8.19	74.47	2.11	25.24	3.83	25.78	29.60
中卫 Zhongwei	6.08	1296.93	1.90	193.10	3.44	28.39	31.83

城市名称 City	部门二氧化碳排放 / 万 t Sectoral CO_2 emissions /10^4 t				
	道路 Road	铁路 Railway	水运 Waterborne navigation	航空 Aviation	交通 Transport
银川 Yinchuan	73.96	2.32	0.00	10.50	86.79
石嘴山 Shizuishan	24.92	2.59	0.00	0.00	27.51
吴忠 Wuzhong	59.30	2.04	0.00	0.00	61.34
固原 Guyuan	32.28	1.92	0.00	0.00	34.20
中卫 Zhongwei	50.91	3.65	0.00	0.22	54.78

城市名称 City	二氧化碳汇总排放 / 万 t CO_2 emissions /10^4 t				
	能源 Energy	工业 Industrial total	间接 Indirect	直接 Direct	总排放 Total
银川 Yinchuan	3654.20	3624.26	0.00	3800.81	3800.81
石嘴山 Shizuishan	3347.04	3361.79	105.52	3410.09	3515.61
吴忠 Wuzhong	2900.92	3122.05	15.49	3233.54	3249.03
固原 Guyuan	148.57	99.71	710.91	173.81	884.72
中卫 Zhongwei	1391.52	1490.04	111.76	1584.62	1696.38

城市名称 City	人均排放 /t Per capita emissions/t	单位 GDP 二氧化碳排放 /（t/ 万元）CO_2 emissions per GDP /（t/10^4 RMB）				地均排放 /（t/km^2）Per land area emissions/（t/km^2）	碳生产率 /（万元 /t）Carbon productivity/（10^4 RMB/t）
		总 GDP Gross Domestic Product	第一产业 Primary industry	第二产业 Secondary industry	第三产业 Tertiary industry		
银川 Yinchuan	19.07	4.94	0.10	9.40	0.30	4211.43	0.20
石嘴山 Shizuishan	48.46	11.77	0.13	17.97	0.34	6620.73	0.08
吴忠 Wuzhong	25.51	14.97	0.23	28.31	0.96	1593.13	0.07
固原 Guyuan	7.20	8.50	0.27	4.56	0.70	839.31	0.12
中卫 Zhongwei	15.70	9.79	0.18	21.09	0.81	972.64	0.10

城市名称 City	部门二氧化碳排放 / 万 t Sectoral CO_2 emissions / 10^4 t						
	农业 Agriculture	工业能源 Industrial energy	服务业 Service	工业过程 Industrial processes	城镇 Urban	农村 Rural	生活 Household
海口 Haikou	8.79	94.65	7.61	2.89	3.55	0.00	3.55
三亚 Sanya	3.18	148.00	1.02	0.00	0.48	0.00	0.48
拉萨 Lhasa	0.00	56.28	0.00	50.42	0.00	0.00	0.00
西宁 Xining	3.67	1470.71	21.54	136.26	69.19	127.97	197.16
乌鲁木齐 Urumqi	6.52	4486.33	36.17	340.77	57.23	19.83	77.06
克拉玛依 Karamay	2.90	1112.26	1.47	0.00	2.32	2.24	4.56

城市名称 City	部门二氧化碳排放 / 万 t Sectoral CO_2 emissions /10^4 t				
	道路 Road	铁路 Railway	水运 Waterborne navigation	航空 Aviation	交通 Transport
海口 Haikou	55.66	0.04	7.84	91.94	155.48
三亚 Sanya	49.75	0.05	22.17	90.80	162.78
拉萨 Lhasa	0.00	0.33	0.00	0.00	0.33
西宁 Xining	25.49	0.94	0.00	0.00	26.43
乌鲁木齐 Urumqi	73.13	3.26	0.00	53.68	130.07
克拉玛依 Karamay	19.09	0.00	0.00	0.17	19.26

城市名称 City	二氧化碳汇总排放 / 万 t CO_2 emissions /10^4 t				
	能源 Energy	工业 Industrial total	间接 Indirect	直接 Direct	总排放 Total
海口 Haikou	270.08	97.54	37.73	272.97	310.70
三亚 Sanya	315.45	148.00	35.83	315.45	351.29
拉萨 Lhasa	56.61	106.70	0.00	107.02	107.02
西宁 Xining	1719.50	1606.97	1175.39	1855.76	3031.15
乌鲁木齐 Urumqi	4736.15	4827.10	0.00	5076.92	5076.92
克拉玛依 Karamay	1140.45	1112.26	173.18	1140.45	1313.63

城市名称 City	人均排放 /t Per capita emissions/ t	单位 GDP 二氧化碳排放 / （t/ 万元） CO_2 emissions per GDP / （t/10^4 RMB）				地均排放 / （t/km^2） Per land area emissions/ （t/km^2）	碳生产率 / （万元 /t） Carbon productivity/ （10^4 RMB/t）
		总 GDP Gross Domestic Product	第一产业 Primary industry	第二产业 Secondary industry	第三产业 Tertiary industry		
海口 Haikou	1.52	0.52	0.23	0.68	0.39	1347.94	1.92
三亚 Sanya	5.13	1.52	0.10	3.01	1.09	1831.54	0.66
拉萨 Lhasa	1.91	0.60	0.00	0.81	1.31	33.80	1.67
西宁 Xining	13.72	4.82	0.15	5.01	0.17	3959.69	0.21
乌鲁木齐 Urumqi	16.31	3.79	0.33	8.04	0.23	3682.13	0.26
克拉玛依 Karamay	33.60	1.85	0.83	1.74	0.30	1375.82	0.54

城市名称 City	部门二氧化碳排放 / 万 t Sectoral CO_2 emissions /10^4 t						
	农业 Agriculture	工业能源 Industrial energy	工业过程 Industrial processes	城镇生活、农村生活与服务业 Household and services	运输 Transport	废弃物 Waste treatment	总排放 Total
澳门 Macao	0.00	40.51	0.00	27.08	51.78	18.95	138.32
香港 Hong Kong	3.30	227.00	160.00	2740.00	731.00	220.00	4081.30
高雄 Kaohsiung	4.91	5101.53	0.00	512.00	415.89	61.19	6095.52
台北 Taipei	0.36	29.74	0.00	939.51	243.22	34.81	1247.64
新北 New Taipei	1.23	663.20	0.00	757.40	451.00	42.20	1915.03
新竹 Hsinchu	0.44	425.91	171.72	106.73	60.36	6.83	771.99
桃园 Taoyuan	4.19	2286.27	10.35	374.48	0.39	0.03	2675.71
台南 Tainan	22.70	1646.04	173.12	471.11	462.60	62.44	2838.01
基隆 Keelung	0.00	33.23	0.05	60.53	50.30	4.39	148.50
台中 Taichung	2.39	304.21	306.20	228.16	138.59	11.93	991.48
嘉义 Chiayi	0.46	23.58	1.41	47.15	40.27	5.13	118.00

注:台中为 2009 年数据,高雄、台北、新北、台南为 2010 年数据,桃园为 2011 年数据,新竹、嘉义为 2012 年数据,基隆为 2013 年数据。本部分其余表同注。

香港、澳门、台湾地区 Hong Kong, Macao, Taiwan Area－表 2

城市名称 City	人均排放 /t Per capita emissions/t	单位 GDP 二氧化碳排放 /（t/ 万元）CO_2 emissions per GDP /（$t/10^4$ RMB）	地均排放 /（t/km^2）Per land area emissions/（t/km^2）	碳生产率 /（万元 /t）Carbon productivity/（10^4 RMB/t）
澳门 Macao	2.57	0.07	42167.68	14.29
香港 Hong Kong	5.81	0.26	36942.13	3.85
高雄 Kaohsiung	40.03	1.50	395812.99	0.67
台北 Taipei	4.74	0.23	45868.75	4.35
新北 New Taipei	5.03	0.34	9327.96	2.94
新竹 Hsinchu	19.21	1.06	74230.77	0.94
桃园 Taoyuan	15.94	1.08	25368.06	0.93
台南 Tainan	37.02	1.23	161250.00	0.81
基隆 Keelung	3.81	0.27	11166.09	3.70
台中 Taichung	9.37	0.30	60991.41	3.38
嘉义 Chiayi	4.32	0.19	19724.00	5.21

注：本部分涉及 GDP 的转算，美元和人民币的汇率以 6.76 计。

第二部分 核算方法

Part Ⅱ Methods of Carbon Dioxide Emission Calculation

借鉴国际上较为成熟和应用广泛的城市 CO_2 排放核算方法，结合中国城市的实际情况，计算中国城市范围 1 和范围 2 的排放数据。范围 1 是城市行政边界内的所有直接排放，范围 2 是城市由于向外界购买电力导致的间接排放。

一、农业（Agriculture）

◆ 各省级行政区农业的化石能源消费量和排放量；

◆ 在各省级行政区农田空间分布（30 m 分辨率）上平均分配各自排放量；

◆ 基于中国城市地理信息系统（GIS）空间边界，汇总形成每个城市的农业排放量。

二、工业能源活动（Industrial energy）

◆ 中国高空间分辨率排放网格数据（CHRED 3.0）企业点源数据，中国城市温室气体工作组大量城市和企业调研；

◆ 工业企业化石能源消费量和排放量；

◆ 基于中国城市 GIS 空间边界，汇总形成每个城市的工业排放量。

三、服务业（Service）

◆ 包括能源平衡表中的批发、零售业和住宿、餐饮业，以及其中“四、终端消费量”中的“其他”；

◆ 各省级行政区服务业的化石能源消费量和排放量；

◆ 在各省级行政区城镇建设用地（30 m 分辨率）空间数据上，以常住人口数（空间数据）为权重分配各自排放量；

◆ 基于中国城市 GIS 空间边界，汇总形成每个城市的服务业排放量。

四、城镇生活（Urban household）

◆ 各省级行政区城镇生活的化石能源消费量和排放量；

◆ 在各省级行政区城镇建设用地（30 m 分辨率）空间数据上，以常住人口数（空间数据）为权重分配各自排放量。

五、农村生活（Rural household）

◆ 各省级行政区农村生活的化石能源消费量和排放量；

◆ 在各省级行政区农村居民点（30 m 分辨率）空间数据上，以常住人口数（空间数据）为权重分配各自排放量。

六、交通（Transport）

1. 道路（Road）

◆ 基于各省级行政区道路交通能源消费量计算排放量，具体计算方法见文献（Cai et al., 2012）；

◆ 根据《公路工程技术标准》（JTG B01—2003），中国全国道路网络（GIS 数据）分为高速公路、一级、二级、三级、四级，以不同道路等级设计日交通量（辆）为权重，将各省级行政区交通排放分配至每 1 km 空间网格中的每条路段；

◆ 基于中国城市 GIS 空间边界，汇总形成每个城市道路交通排放量。

2. 铁路（Railway）

◆ 基于各省级行政区铁路周转量（客运＋货运）和能源消费数据，计算各自铁路排放量；

◆ 根据各省级行政区铁路网络数据（GIS 数据），将其铁路排放分配至每 1 km 空间网格中的每段铁路；

◆ 基于中国城市 GIS 空间边界，汇总形成每个城市的铁路交通排放量。

3. 航空（Aviation）

◆ 基于每个机场油品消费量计算其排放量；

◆ 利用各省级行政区交通运输、仓储和邮政业中的煤油消费量验证其机场煤油消费量加和。

4. 水运（Waterborne navigation）

◆ 基于各省级行政区内河水运和沿海水运周转量（客运＋货运）和能源消费数据，计算内河水运和沿海水运排放量；

◆ 基于内行和沿海船舶的 AIS 系统（Automatic Identification System）数据空间分配 1 km 网格的 CO_2 排放（AIS 系统是船舶自动识别系统，可实时获取船舶的船速、航行时间、地理位置、主机功率、辅机功率等数据）；

◆ 基于中国城市 GIS 空间边界，汇总形成每个城市的内河水运排放量。

七、工业过程（Industrial processes）

◆ CHRED 3.0 中的水泥企业数据，包括熟料产量和化石能源消费量；

◆ CHRED 3.0 中的石灰企业数据，包括石灰产量和化石能源消费量。

八、间接排放（Indirect emissions）

间接排放采用城市范围内的外调电量乘以城市所在区域电网排放因子。其中，城市外调电量＝城市用电量－城市发电量（当“城市外调电量”＜0 时，将其取值设为 0）。城市发电量（化石能源发电量＋非化石能源发电量）是基于发电企业点源数据库统计的各城市范围内的发电量。中国化石能源电厂发电量及空间位置来自 CHRED 3.0，非化石能源电厂（水电、风电、核电、生物质燃料发电和太阳能发电）发电量及空间位置来自《中国电力工业统计资料汇编 2010》。

参考文献 References

[1] Cai B F, Liang S, Zhou J, et al. China high resolution emission database（CHRED）with point emission sources, gridded emission data, and supplementary socioeconomic data[J]. Resources, Conservation and Recycling, 2018, 129:232-239.

[2] Cai Bofeng, Yang Weishan, Cao Dong, et al. Estimates of China's national and regional transport sector CO_2 emissions in 2007[J]. Energy Policy, 2012, 41:474-483.

[3] IPCC. Climate Change 2014: Mitigation of Climate Change[M]. Contribution of Working Group III to the Fifth Assessment Report of the Intergovernmental Panel on Climate Change. Cambridge, United Kingdom and New York, USA: Cambridge University Press, 2014.

[4] 蔡博峰.城市温室气体清单核心问题研究[M].北京:化学工业出版社,2014.

[5] 国家发展和改革委员会应对气候变化司.中国温室气体清单研究2005[M].北京:中国环境出版社,2014.

[6] 国家发展和改革委员会.省级温室气体清单编制指南（试行）[S].2011.

[7] 国家发展和改革委员会应对气候变化司.中国2008年温室气体清单研究[M].北京:中国计划出版社,2014.

[8] 国家发展和改革委员会应对气候变化司.2011年和2012年中国区域电网平均二氧化碳排放因子[R].2014.

[9] 国家统计局.中国城市统计年鉴2011[M].北京:中国统计出版社,2011.

[10] 国家统计局能源统计司.中国能源统计年鉴2016[M].北京:中国统计出版社,2017.

[11] 环境保护部科技标准司.非道路移动源大气污染物排放清单编制技术指南（试行）[S].2015.

[12] 铁道部统计中心.中华人民共和国铁道部2010年铁道统计公报[EB].

统计公报,2011.
[13] 中国电力联合会.2010年电力工业统计资料汇编[R].中国电力联合会,2011.
[14] 中国科学院资源环境科学数据中心.http://www.resdc.cn/, 2019.
[15] 中华人民共和国国家统计局.中国统计年鉴2011[M].北京:中国统计出版社,2011.
[16] 中华人民共和国交通运输部编.中国交通运输统计年鉴2010[M].北京:人民交通出版社,2011.

北京市

[17] 北京市统计局.北京市统计年鉴2011[M].北京:中国统计出版社,2011.

天津市

[18] 天津市统计局.天津统计年鉴2011[M].北京:中国统计出版社,2011.

河北省

[19] 石家庄市统计局.石家庄统计年鉴2011[M].北京:中国统计出版社,2011.
[20] 唐山市统计局.唐山市2010年国民经济和社会发展统计公报[EB].统计公报,2011.
[21] 唐山市统计局.唐山统计年鉴2011[M].北京:中国统计出版社,2011.
[22] 秦皇岛市统计局.秦皇岛统计年鉴2011[M].北京:中国统计出版社,2011.
[23] 邯郸市统计局.邯郸统计年鉴2011[M].北京:中国统计出版社,2011.
[24] 邢台市统计局.邢台统计年鉴2011[M].北京:中国统计出版社,2011.
[25] 保定市统计局.保定统计年鉴2011[M].北京:中国统计出版社,2011.

[26] 张家口市统计局.张家口统计年鉴2011[M].北京:中国统计出版社,2011.
[27] 承德市统计局.承德统计年鉴2011[M].北京:中国统计出版社,2011.
[28] 沧州市统计局.沧州统计年鉴2011[M].北京:中国统计出版社,2011.
[29] 廊坊市统计局.廊坊统计年鉴2011[M].北京:中国统计出版社,2011.
[30] 衡水市统计局.衡水统计年鉴2011[M].北京:中国统计出版社,2011.
[31] 衡水市统计局.衡水2010统计公报[EB].统计公报,2011.

山西省

[32] 太原市统计局.太原统计年鉴2011[M].北京:中国统计出版社,2011.
[33] 大同市统计局.大同统计年鉴2011[M].北京:中国统计出版社,2011.
[34] 阳泉市统计局.阳泉统计年鉴2011[M].北京:中国统计出版社,2011.
[35] 长治市统计局.长治统计年鉴2011[M].北京:中国统计出版社,2011.
[36] 晋城市统计局.晋城统计年鉴2011[M].北京:中国统计出版社,2011.
[37] 朔州市统计局.朔州统计年鉴2011[M].北京:中国统计出版社,2011.
[38] 朔州市统计局.朔州市2010年国民经济和社会发展统计公报[EB].统计公报,2011.
[39] 晋中市统计局.晋中统计年鉴2011[M].北京:中国统计出版社,2011.
[40] 运城市统计局.运城统计年鉴2011[M].北京:中国统计出版社,2011.
[41] 忻州市统计局.忻州统计年鉴2011[M].北京:中国统计出版社,2011.
[42] 忻州市统计局.忻州市2010年国民经济和社会发展统计公报[EB].统计公报,2011.
[43] 临汾市统计局.临汾统计年鉴2011[M].北京:中国统计出版社,2011.
[44] 吕梁市统计局.吕梁市2010年国民经济和社会发展统计公报[EB].统计公报,2011.

内蒙古自治区

[45] 呼和浩特市统计局.呼和浩特统计年鉴2011[M].北京:中国统计出版社, 2011.
[46] 包头市统计局.包头统计年鉴2011[M].北京:中国统计出版社,2011.
[47] 包头市统计局.包头市2010年国民经济和社会发展统计公报[EB].统计公报,2011.
[48] 乌海市统计局.乌海统计年鉴2011[M].北京:中国统计出版社,2011.
[49] 赤峰市统计局.赤峰统计年鉴2011[R]. 2011.
[50] 通辽市统计局.通辽统计年鉴2011[R]. 2011.
[51] 鄂尔多斯市统计局.鄂尔多斯统计年鉴2011[M].北京:中国统计出版社,2011.
[52] 呼伦贝尔市统计局.呼伦贝尔市2010年国民经济和社会发展统计公报[EB].统计公报,2011.
[53] 呼伦贝尔市统计局. 呼伦贝尔统计年鉴2011[R]. 2011.
[54] 巴彦淖尔市统计局. 巴彦淖尔统计年鉴2011[R]. 2011.
[55] 乌兰察布市统计局.乌兰察布统计年鉴2011[R]. 2011.
[56] 兴安盟统计局. 兴安盟统计年鉴2011[R]. 2011.
[57] 锡林郭勒盟统计局. 锡林郭勒盟统计年鉴2011[R]. 2011.
[58] 阿拉善盟市统计局. 阿拉善盟统计年鉴2011[R]. 2011.

辽宁省

[59] 沈阳市统计局.沈阳统计年鉴2011[M].北京:中国统计出版社,2011.
[60] 大连市统计局.大连统计年鉴2011[M].北京:中国统计出版社,2011.
[61] 鞍山市统计局.鞍山统计年鉴2011[M].北京:中国统计出版社,2011.
[62] 抚顺市统计局.抚顺统计年鉴2011[M].北京:中国统计出版社,2011.
[63] 本溪市统计局.本溪市2010年国民经济和社会发展统计公报[EB].统计公报,2011.

[64] 丹东市统计局.丹东统计年鉴2011[M].北京:中国统计出版社,2011.
[65] 锦州市统计局.锦州统计年鉴2011[M].北京:中国统计出版社,2011.
[66] 营口市统计局.营口市2010年国民经济和社会发展统计公报[EB].统计公报,2011.
[67] 阜新市统计局.阜新统计年鉴2011[M].北京:中国统计出版社,2011.
[68] 辽阳市统计局.辽阳市2010年国民经济和社会发展统计公报[EB].统计公报,2011.
[69] 盘锦市统计局.盘锦统计年鉴2011[M].北京:中国统计出版社,2011.
[70] 铁岭市统计局.铁岭统计年鉴2011[M].北京:中国统计出版社,2011.
[71] 朝阳市统计局.朝阳统计年鉴2011[M].北京:中国统计出版社,2011.
[72] 葫芦岛市统计局.葫芦岛市2010年国民经济和社会发展统计公报[EB].统计公报,2011.

吉林省

[73] 长春市统计局.长春统计年鉴2011[M].北京:中国统计出版社,2011.
[74] 吉林市统计局.吉林统计年鉴2011[M].北京:中国统计出版社,2011.
[75] 四平市统计局.四平统计年鉴2011[M].北京:中国统计出版社,2011.
[76] 辽源市统计局.辽源统计年鉴2011[R].2011.
[77] 通化市统计局.通化统计年鉴2011[M].北京:中国统计出版社,2011.
[78] 白山市统计局.白山统计年鉴2011[R].2011.
[79] 松原市统计局.松原统计年鉴2011[M].北京:中国统计出版社,2011.
[80] 白城市统计局.白城统计年鉴2011[M].北京:中国统计出版社,2011.
[81] 延边州统计局.延边统计年鉴2011[M].北京:中国统计出版社,2011.

黑龙江省

[82] 哈尔滨市统计局.哈尔滨统计年鉴2011[M].北京:中国统计出版社,2011.

[83] 齐齐哈尔市统计局.齐齐哈尔统计年鉴2011[M].北京:中国统计出版社,2011.
[84] 鸡西市统计局.鸡西国民经济统计年鉴2011[R]. 2011.
[85] 鹤岗市统计局.鹤岗统计年鉴2011[R]. 2011.
[86] 大庆市统计局.大庆统计年鉴2011[M].北京:中国统计出版社,2011.
[87] 伊春市统计局.伊春统计年鉴2011[M].北京:中国统计出版社,2011.
[88] 佳木斯市统计局.佳木斯市2010统计公报[EB].统计公报,2011.
[89] 七台河市统计局.七台河统计年鉴2011—2012[M].北京:中国统计出版社,2012.
[90] 牡丹江市统计局.牡丹江统计年鉴2009—2011[M].北京:中国统计出版社,2011.
[91] 黑河市统计局.黑河市社会经济统计年鉴2011[M].北京:中国统计出版社,2011.
[92] 绥化市统计局.绥化市2010年国民经济和社会发展统计公报[EB].统计公报,2011.
[93] 大兴安岭地区行署统计局.大兴安岭市2010统计公报[EB].统计公报,2011.
[94] 大兴安岭地区行署统计局.大兴安岭统计年鉴2012[M].北京:中国统计出版社,2012.
[95] 七台河市统计局.七台河统计年鉴2011—2012[M].北京:中国统计出版社,2012.

上海市

[96] 上海市统计局.上海统计年鉴2011[M].北京:中国统计出版社,2011.

江苏省

[97] 南京市统计局.南京统计年鉴2011[M].北京:中国统计出版社,2011.
[98] 无锡市统计局.无锡统计年鉴2011[M].北京:中国统计出版社,2011.

［99］徐州市统计局.徐州统计年鉴2011[M].北京:中国统计出版社,2011.
［100］常州市统计局.常州统计年鉴2011[M].北京:中国统计出版社,2011.
［101］苏州市统计局.苏州统计年鉴2011[M].北京:中国统计出版社,2011.
［102］南通市统计局.南通统计年鉴2011[M].北京:中国统计出版社,2011.
［103］南通市统计局.南通市2010年国民经济和社会发展统计公报[EB].统计公报,2011.
［104］连云港市统计局.连云港统计年鉴2011[M].北京:中国统计出版社,2011.
［105］淮安市统计局.淮安统计年鉴2011[M].北京:中国统计出版社,2011.
［106］盐城市统计局.盐城统计年鉴2011[M].北京:中国统计出版社,2011.
［107］扬州市统计局.扬州统计年鉴2011[M].北京:中国统计出版社,2011.
［108］镇江市统计局.镇江统计年鉴2011[M].北京:中国统计出版社,2011.
［109］泰州市统计局.泰州统计年鉴2011[M].北京:中国统计出版社,2011.
［110］宿迁市统计局.宿迁统计年鉴2011[M].北京:中国统计出版社,2011.

浙江省

［111］杭州市统计局.杭州统计年鉴2011[M].北京:中国统计出版社,2011.
［112］宁波市统计局.宁波统计年鉴2011[M].北京:中国统计出版社,2011.
［113］温州市统计局.温州统计年鉴2011[M].北京:中国统计出版社,2011.
［114］嘉兴市统计局.嘉兴统计年鉴2011[M].北京:中国统计出版社,2011.
［115］绍兴市统计局.绍兴统计年鉴2011[M].北京:中国统计出版社,2011.
［116］金华市统计局.金华统计年鉴2011[M].北京:中国统计出版社,2011.
［117］衢州市统计局.衢州统计年鉴2011[M].北京:中国统计出版社,2011.
［118］舟山市统计局.舟山统计年鉴2011[M].北京:中国统计出版社,2011.
［119］台州市统计局.台州统计年鉴2011[M].北京:中国统计出版社,2011.
［120］丽水市统计局.丽水统计年鉴2011[R]. 2011.

安徽省

[121] 合肥市统计局.合肥统计年鉴2011[M].北京:中国统计出版社,2011.
[122] 芜湖市统计局.芜湖统计年鉴2011[R]. 2011.
[123] 蚌埠市统计局.蚌埠统计年鉴2011[R]. 2011.
[124] 淮南市统计局.淮南统计年鉴2011[R]. 2011.
[125] 马鞍山市统计局.马鞍山统计年鉴2011[R]. 2011.
[126] 淮北市统计局.淮北统计年鉴2011[R]. 2011.
[127] 铜陵市统计局.铜陵统计年鉴2011[R]. 2011.
[128] 安庆市统计局.安庆统计年鉴2011[R]. 2011.
[129] 黄山市统计局.黄山统计年鉴2011[R]. 2011.
[130] 滁州市统计局.滁州统计年鉴2011[R]. 2011.
[131] 阜阳市统计局.阜阳统计年鉴2011[R]. 2011.
[132] 宿州市统计局.苏州统计年鉴2011[R]. 2011.
[133] 六安市统计局.六安统计年鉴2011[R]. 2011.
[134] 亳州市统计局.亳州统计年鉴2011[R]. 2011.
[135] 池州市统计局.池州统计年鉴2011[R]. 2011.
[136] 宣城市统计局.宣城统计年鉴2011[R]. 2011.

福建省

[137] 福州市统计局.福州统计年鉴2011[M].北京:中国统计出版社,2011.
[138] 厦门市统计局.厦门经济特区年鉴2011[M].北京:中国统计出版社,2011.
[139] 厦门市统计局.厦门市2010年国民经济和社会发展统计公报[EB].统计公报,2011.
[140] 莆田市统计局.莆田统计年鉴2011[R]. 2011.
[141] 莆田市统计局.莆田市2010年国民经济和社会发展统计公报[EB].统计公报,2011.

［142］三明市统计局.三明统计年鉴2011[R]. 2011.
［143］泉州市统计局.泉州统计年鉴2011[R]. 2011.
［144］漳州市统计局.漳州统计年鉴2011[M].北京:中国统计出版社,2011.
［145］南平市统计局.南平统计年鉴2011[R]. 2011.
［146］南平市统计局.南平市2010年国民经济和社会发展统计公报[EB].统计公报,2011.
［147］龙岩市统计局.龙岩统计年鉴2011[M].北京:中国统计出版社,2011.
［148］宁德市统计局.宁德统计年鉴2011[M].北京:中国统计出版社,2011.

江西省

［149］江西省统计局.江西统计年鉴2011[M].北京:中国统计出版社,2011.
［150］南昌市统计局.南昌统计年鉴2011[M].北京:中国统计出版社,2011.
［151］新余市统计局.新余统计年鉴2011[M].北京:中国统计出版社,2011.
［152］九江市统计局.九江统计年鉴2011[M].北京:中国统计出版社,2011.
［153］鹰潭市统计局.鹰潭统计年鉴2011[R].2011.
［154］赣州市统计局. 赣州统计年鉴2011[M].北京:中国统计出版社,2011.
［155］宜春市统计局.宜春统计年鉴2011[R].2011.
［156］景德镇市统计局.景德镇统计年鉴2011[R].2011.
［157］萍乡市统计局.萍乡统计年鉴2011[R].2011.
［158］上饶市统计局.上饶统计年鉴2011[M].北京:中国统计出版社,2011.
［159］吉安市统计局.吉安统计年鉴2011[M].北京:中国统计出版社,2011.
［160］抚州市统计局.抚州统计年鉴2011[R].2011.

山东省

［161］山东省统计局.山东省统计年鉴2011[M].北京:中国统计出版社,2011.
［162］济南市统计局.济南统计年鉴2011[M].北京:中国统计出版社,2011.

[163] 青岛市统计局.青岛统计年鉴2011[M].北京:中国统计出版社,2011.
[164] 淄博市统计局.淄博统计年鉴2011[M].北京:中国统计出版社,2011.
[165] 枣庄市统计局.枣庄统计年鉴2011[M].北京:中国统计出版社,2011.
[166] 东营市统计局.东营统计年鉴2011[R].2011.
[167] 烟台市统计局.烟台统计年鉴2011[R].2011.
[168] 潍坊市统计局.潍坊统计年鉴2011[R].2011.
[169] 济宁市统计局.济宁统计年鉴2010[R].2010.
[170] 泰安市统计局.泰安统计年鉴2011[R].2011.
[171] 威海市统计局.威海统计年鉴2011[R].2011.
[172] 日照市统计局.日照统计年鉴2011[R].2011.
[173] 莱芜市统计局.莱芜统计年鉴2011[R].2011.
[174] 临沂市统计局.临沂统计年鉴2011[R].2011.
[175] 德州市统计局.德州统计年鉴2011[R].2011.
[176] 聊城市统计局.聊城统计年鉴2011[R].2011.
[177] 滨州市统计局.滨州统计年鉴2011[R].2011.
[178] 菏泽市统计局.菏泽统计年鉴2011[R].2011.
[179] 菏泽市统计局.菏泽市2010年国民经济和社会发展统计公报[EB].统计公报,2011.

河南省

[180] 河南省统计局.河南统计年鉴2011[M].北京:中国统计出版社,2011.
[181] 郑州市统计局.郑州统计年鉴2011[M].北京:中国统计出版社,2011.
[182] 南阳市统计局.南阳统计年鉴2011[M].北京:中国统计出版社,2011.
[183] 洛阳市统计局.洛阳统计年鉴2011[M].北京:中国统计出版社,2011.
[184] 三门峡市统计局.三门峡统计年鉴2011[M].北京:中国统计出版社,2011.
[185] 开封市统计局.开封统计年鉴2011[R].2011.

[186] 安阳市统计局.安阳统计年鉴2011[R].2011.
[187] 安阳市统计局.安阳统计年鉴2010[R].2010.
[188] 鹤壁市统计局.鹤壁统计年鉴2011[R].2011.
[189] 新乡市统计局.新乡统计年鉴2011[R].2011.
[190] 焦作市统计局.焦作统计年鉴2011[R].2011.
[191] 濮阳市统计局.濮阳统计年鉴2011[R].2011.
[192] 濮阳市统计局.濮阳统计年鉴2010[R].2010.
[193] 许昌市统计局.许昌统计年鉴2011[R].2011.
[194] 漯河市统计局.漯河统计年鉴2011[R].2011.
[195] 商丘市统计局.商丘统计年鉴2011[R].2011.
[196] 周口市统计局.周口统计年鉴2011[R].2011.
[197] 驻马店市统计局.驻马店统计年鉴2011[R].2011.
[198] 平顶山市统计局.平顶山统计年鉴2011[M].北京:中国统计出版社,2011.
[199] 济源市统计局.统计年鉴2011[M].北京:中国统计出版社,2011.
[200] 信阳市统计局.信阳统计年鉴2011[R].2011.

湖北省

[201] 湖北省统计局.湖北统计年鉴2011[M].北京:中国统计出版社,2011.
[202] 武汉市统计局.武汉统计年鉴2011[M].北京:中国统计出版社,2011.
[203] 黄石市统计局.黄石统计年鉴2011[R].2011.
[204] 十堰市统计局.十堰统计年鉴2011[M].北京:中国统计出版社,2011.
[205] 宜昌市统计局.宜昌统计年鉴2011[M].北京:中国统计出版社,2011.
[206] 襄阳市统计局.襄阳统计年鉴2011[R].2011.
[207] 鄂州市统计局.鄂州统计年鉴2011[R].2011.
[208] 荆门市统计局.荆门统计年鉴2011[M].北京:中国统计出版社,2011.
[209] 孝感市统计局.孝感统计年鉴2011[R].2011.

[210] 荆州市统计局.荆州统计年鉴2011[R].2011.
[211] 黄冈市统计局.黄冈统计年鉴2011[R].2011.
[212] 咸宁市统计局.咸宁统计年鉴2011[M].北京:中国统计出版社,2011.
[213] 随州市统计局.随州统计年鉴2011[R].2011.
[214] 恩施土家族苗族自治州统计局.恩施州统计年鉴2011[R].2011.
[215] 仙桃市统计局.仙桃统计年鉴2011[R].2011.
[216] 潜江市统计局.潜江统计年鉴2011[R].2011.
[217] 天门市统计局.天门统计年鉴2011[R].2011.

湖南省

[218] 湖南省统计局.湖南统计年鉴2011[M].北京:中国统计出版社,2011.
[219] 湘潭市统计局.湘潭统计年鉴2011[M].北京:中国统计出版社,2011.
[220] 常德市统计局.常德统计年鉴2011[M].北京:中国统计出版社,2011.
[221] 岳阳市统计局.岳阳统计年鉴2011[M].北京:中国统计出版社,2011.
[222] 长沙市统计局.长沙统计年鉴2011[M].北京:中国统计出版社,2011.
[223] 株洲市统计局.株洲统计年鉴2011[M].北京:中国统计出版社,2011.
[224] 衡阳市统计局.衡阳统计年鉴2011[M].北京:中国统计出版社,2011.
[225] 邵阳市统计局.邵阳统计年鉴2011[M].北京:中国统计出版社,2011.
[226] 张家界市统计局.张家界统计年鉴2011[M].北京:中国统计出版社,2011.
[227] 益阳市统计局.益阳统计年鉴2011[M].北京:中国统计出版社,2011.
[228] 永州市统计局.永州统计年鉴2011[M].北京:中国统计出版社,2011.
[229] 怀化市统计局.怀化统计年鉴2011[M].北京:中国统计出版社,2011.
[230] 娄底市统计局.娄底统计年鉴2011[M].北京:中国统计出版社,2011.
[231] 湘西自治州统计局.湘西统计年鉴2011[M].北京:中国统计出版社,2011.
[232] 郴州市统计局.郴州统计年鉴2011[M].北京:中国统计出版社,2011.

广东省

［233］广东省统计局.广东统计年鉴2011[M].北京:中国统计出版社,2011.
［234］广州市统计局.广州统计年鉴2011[M].北京:中国统计出版社,2011.
［235］深圳市统计局.深圳统计年鉴2011[M].北京:中国统计出版社,2011.
［236］深圳市统计局.深圳市2010年国民经济和社会发展统计公报[EB].统计公报,2011.
［237］韶关市统计局.韶关统计年鉴2011[R].2011.
［238］珠海市统计局.珠海统计年鉴2011[R].2011.
［239］汕头市统计局.汕头统计年鉴2011[R].2011.
［240］佛山市统计局.佛山统计年鉴2011[R].2011.
［241］江门市统计局.江门统计年鉴2011[R].2011.
［242］湛江市统计局.湛江统计年鉴2011[R].2011.
［243］茂名市统计局.茂名统计年鉴2011[R].2011.
［244］肇庆市统计局.肇庆统计年鉴2011[R].2011.
［245］惠州市统计局.惠州统计年鉴2011[R].2011.
［246］梅州市统计局.梅州统计年鉴2011[R].2011.
［247］汕尾市统计局.汕尾统计年鉴2011[R].2011.
［248］河源市统计局.河源统计年鉴2011[R].2011.
［249］阳江市统计局.阳江统计年鉴2011[R].2011.
［250］清远市统计局.清远统计年鉴2011[R].2011.
［251］东莞市统计局.东莞统计年鉴2011[R].2011.
［252］中山市统计局.中山统计年鉴2011[R].2011.
［253］潮州市统计局.潮州统计年鉴2011[R].2011.
［254］揭阳市统计局.揭阳统计年鉴2011[R].2011.
［255］云浮市统计局.云浮统计年鉴2011[R].2011.

广西壮族自治区

[256] 广西壮族自治区统计局.广西统计年鉴2011[R].2011.
[257] 河池市统计局.河池统计年鉴2011[R].2011.
[258] 崇左市统计局.崇左统计年鉴2012[R].2012.
[259] 来宾市统计局.来宾市2010年国民经济和社会发展统计公报[EB].统计公报,2011.
[260] 北海市统计局.北海统计年鉴2012[R].2012.
[261] 梧州市统计局.梧州统计年鉴2012[R].2012.
[262] 南宁市统计局.统计年鉴2011[M].北京:中国统计出版社,2011.
[263] 柳州市统计局.统计年鉴2011[M].北京:中国统计出版社,2011.
[264] 桂林市统计局.统计年鉴2011[M].北京:中国统计出版社,2011.
[265] 国家统计局.桂林经济社会统计年鉴2011[M].北京:中国统计出版社,2011.
[266] 防城港市统计局.防城港统计年鉴2011[M].北京:中国统计出版社,2011.
[267] 钦州市统计局.钦州统计年鉴2011[M].北京:中国统计出版社,2011.
[268] 玉林市统计局.玉林市2010年国民经济和社会发展统计公报[EB].统计公报,2011.
[269] 贵港市统计局.贵港统计年鉴2011[M].北京:中国统计出版社,2011.
[270] 百色市统计局.百色统计年鉴2011[M].北京:中国统计出版社,2011.
[271] 国家统计局.贺州社会经济统计年鉴2009—2010[M].北京:中国统计出版社,2010.

海南省

[272] 海口市统计局.海口统计年鉴2011[M].北京:中国统计出版社,2011.
[273] 三亚市统计局.三亚市2010年国民经济和社会发展统计公报[EB].统计公报,2011.

[274] 三亚市统计局.三亚统计年鉴2011[M].北京:中国统计出版社,2011.

重庆市

[275] 重庆市统计局.统计年鉴2011[M].北京:中国统计出版社,2011.

四川省

[276] 成都市统计局.成都市2010年国民经济和社会发展统计公报[EB].统计公报,2011.
[277] 自贡市统计局.自贡统计年鉴2011[M].北京:中国统计出版社,2011.
[278] 攀枝花市统计局.攀枝花统计年鉴2011[M].北京:中国统计出版社,2011.
[279] 泸州市统计局.泸州统计年鉴2011[M].北京:中国统计出版社,2011.
[280] 德阳市统计局.德阳统计年鉴2011[R].2011.
[281] 绵阳市统计局.绵阳统计年鉴2011[R].2011.
[282] 广元市统计局.广元统计年鉴2011[R].2011.
[283] 遂宁市统计局.遂宁统计年鉴2011[R].2011.
[284] 雅安市统计局.雅安统计年鉴2011[R].2011.
[285] 乐山市统计局.乐山统计年鉴2011[R].2011.
[286] 南充市统计局.南充统计年鉴2011[R].2011.
[287] 眉山市统计局.眉山统计年鉴2011[R].2011.
[288] 广安市统计局.广安统计年鉴2011[R].2011.
[289] 达州市统计局.达州统计年鉴2012[R].2012.
[290] 达州市统计局.达州市2010年国民经济和社会发展统计公报[EB].统计公报,2011.
[291] 资阳市统计局.资阳统计年鉴2011[R].2011.
[292] 阿坝藏族羌族自治州统计局.阿坝统计年鉴2011[R].2011.
[293] 甘孜藏族自治州统计局.甘孜统计年鉴2011[R].2011.

[294] 凉山州统计局.凉山州统计年鉴2011[R].2011.

[295] 凉山州统计局.凉山彝族自治州2010年国民经济和社会发展统计公报[EB].统计公报,2011.

[296] 内江市统计局. 2011年一季度内江市规模工业能耗简析[R]. 2011. http://tjj.neijiang.gov.cn/2011/05/603284.html.

[297] 内江市统计局.内江市2011年一季度经济发展情况综述[R].2011. http://tjj.neijiang.gov.cn/2011/04/603315.html

贵州省

[298] 贵州省统计局.贵州统计年鉴2011[M].北京:中国统计出版社,2011.

[299] 贵阳市统计局.贵阳统计年鉴2011[M].北京:中国统计出版社,2011.

[300] 六盘水市统计局.六盘水统计年鉴2011[R]. 2011.

[301] 毕节市统计局.毕节统计年鉴2011[M].北京:中国统计出版社,2011.

[302] 遵义市统计局.遵义统计年鉴2011[R].2011.

[303] 安顺市统计局.安顺统计年鉴2011[R].2011.

[304] 安顺市统计局.安顺统计年鉴2010[R].2010.

[305] 铜仁市统计局.铜仁统计年鉴2011[R].2011.

[306] 市统计局.统计年鉴2011[R].2011.

[307] 黔西南州统计局.黔西南州2010年国民经济和社会发展统计公报[EB].统计公报,2011.

[308] 黔西南州统计局.黔西南统计年鉴2011[R].2011.

[309] 黔东南州统计局.黔东南州统计年鉴2011[R].2011.

[310] 黔东南州统计局.黔东南州统计年鉴2010[R].2010.

[311] 黔南州统计局.黔南统计年鉴2011[R].2011.

云南省

[312] 云南省统计局.云南统计年鉴2011[M].北京:中国统计出版社,2011.

[313] 昆明市统计局.昆明统计年鉴2011[M].北京:中国统计出版社,2011.
[314] 保山市统计局.保山统计年鉴2011[R].2011.
[315] 丽江市统计局.丽江统计年鉴2010[R].2010.
[316] 红河州统计局.红河州2010年国民经济和社会发展统计公报[EB].统计公报,2011.
[317] 红河州统计局.红河统计年鉴2011[R].2011.
[318] 文山州统计局.文山壮族苗族自治州社会经济统计年鉴2009—2010[R].2010.
[319] 曲靖市统计局.曲靖统计年鉴2011[R].2011.
[320] 玉溪市统计局.玉溪统计年鉴2012[R].2012.
[321] 昭通市统计局.昭通统计年鉴2010[R].2010.
[322] 临沧市统计局.临沧统计年鉴2012[R].2012.
[323] 楚雄市统计局.楚雄统计年鉴2011[R].2011.
[324] 迪庆州统计局.迪庆州统计年鉴2012[R].2012.
[325] 德宏州市统计局.德宏统计年鉴2011[R].2011.
[326] 大理州统计局.大理统计年鉴2013[R].2013.
[327] 大理州统计局.大理州2010年国民经济和社会发展统计公报[EB].统计公报,2011.
[328] 迪庆州统计局.迪庆州2010年国民经济和社会发展统计公报[EB].统计公报,2011.
[329] 西双版纳州统计局.西双版纳红河统计年鉴2011[R].2011.

西藏自治区

[330] 拉萨市统计局.拉萨统计年鉴2011[R].2011.

陕西省

[331] 陕西省统计局.陕西统计年鉴2011[M].北京:中国统计出版社,2011.

[332] 陕西省统计局.陕西统计年鉴2012[M].北京:中国统计出版社,2012.
[333] 西安市统计局.西安统计年鉴2011[M].北京:中国统计出版社,2011.
[334] 安康市统计局.安康统计年鉴2011[M].北京:中国统计出版社,2011.
[335] 铜川市统计局.铜川统计年鉴2011[R].2011.
[336] 宝鸡市统计局.宝鸡统计年鉴2011[R].2011.
[337] 咸阳市统计局.咸阳统计年鉴2010[R].2010.
[338] 渭南市统计局.渭南统计年鉴2010[R].2010.
[339] 汉中市统计局.汉中统计年鉴2010[R].2010.
[340] 榆林市统计局.榆林统计年鉴2010[R].2010.
[341] 商洛市统计局.商洛统计年鉴2011[R].2011.
[342] 延安市统计局.延安统计年鉴2010[R].2010.

甘肃省

[343] 《甘肃发展年鉴》编委会.甘肃统计年鉴2011[M].北京:中国统计出版社,2011.
[344] 兰州市统计局.兰州统计年鉴2011[M].北京:中国统计出版社,2011.
[345] 嘉峪关市统计局.嘉峪关统计年鉴2011[R].2011.
[346] 白银市统计局.白银统计年鉴2011[R].2011.
[347] 武威市统计局.武威统计年鉴2010[R].2010.
[348] 武威市统计局.武威市2010年国民经济和社会发展统计公报[EB].统计公报,2011.
[349] 张掖市统计局.张掖统计年鉴2010[R]. 2010.
[350] 张掖市统计局.张掖统计年鉴2011[R]. 2011.
[351] 酒泉市统计局.酒泉统计年鉴2012[R]. 2012.
[352] 定西市统计局.定西统计年鉴2012[R].2012.
[353] 定西市统计局.定西市2010年国民经济和社会发展统计公报[EB].统计公报,2011.
[354] 陇南市统计局.陇南统计年鉴2012[R].2012.

［355］平凉市统计局.平凉统计年鉴2011[R].2011.
［356］平凉市统计局.平凉发展年鉴2011[R].2011.
［357］金昌市统计局.金昌统计年鉴2010[R].2010.
［358］天水市统计局.天水经济年鉴2011[R].2011.
［359］临夏州统计局.临夏州统计年鉴2009—2011[R].2011.
［360］甘南藏族自治州统计局.甘南统计年鉴2010[R].2010.

青海省

［361］青海省统计局.青海统计年鉴2011[M].北京:中国统计出版社,2011.
［362］海北藏族自治州统计局.海北州2010年国民经济和社会发展统计公报[EB].统计公报,2011.
［363］果洛藏族自治州统计局.果洛藏族自治州统计年鉴1945—2010[R].2010.
［364］海西市统计局.海西统计年鉴2010[R].2010.
［365］西宁市统计局.西宁统计年鉴2011[R].2011.
［366］海东市人民政府.海东地区2010年国民经济和社会发展统计公报[EB].统计公报,2011.

宁夏回族自治区

［367］宁夏回族自治区统计局.宁夏统计年鉴2011[R].2011.
［368］吴忠市统计局.吴忠统计年鉴2011[R].2011.
［369］银川市统计局.银川统计年鉴2011[R].2011.
［370］石嘴山市统计局.石嘴山统计年鉴2011[R].2011.

新疆维吾尔自治区

［371］新疆维吾尔自治区统计局.新疆统计年鉴2012[M].北京:中国统计

出版社,2012.
[372] 阿勒泰统计局.阿勒泰统计年鉴2011[R].2011.
[373] 伊犁哈萨克自治州统计局.伊犁哈萨克自治州统计年鉴2011[R].2011.
[374] 克拉玛依市统计局.克拉玛依市2010年国民经济和社会发展统计公报[EB].统计公报,2011.
[375] 吐鲁番地区统计局.吐鲁番地区2010年国民经济和社会发展统计公报[EB].统计公报,2011.
[376] 喀什地区统计局.喀什地区2010年国民经济和社会发展统计公报[EB].统计公报,2011.
[377] 巴音郭楞蒙古自治州统计局. 2010年巴音郭楞蒙古自治州国民经济和社会发展统计公报 [EB].统计公报,2011.
[378] 哈密地区统计局.哈密地区2010年国民经济和社会发展统计公报[EB].统计公报,2011.
[379] 昌吉回族自治州统计局.昌吉回族自治州2010年国民经济和社会发展统计公报[EB].统计公报,2011.
[380] 博尔塔拉蒙古自治州统计局.博尔塔拉蒙古自治州2010年国民经济和社会发展统计公报[EB].统计公报,2011.
[381] 克孜勒苏柯尔克孜自治州统计局.克孜勒苏柯尔克孜自治州2010年国民经济和社会发展统计公报[EB].统计公报,2011.
[382] 和田地区统计局.和田地区2010年国民经济和社会发展统计公报[EB].统计公报,2011.

中国港澳台地区

[383] 澳门环境保护局.澳门环境状况报告2010[EB].http://www.dspa.gov.mo/index.aspx.
[384] 香港气候变化@香港行动官网[EB].https://www.climateready.gov.hk/files/pdf/2017_GHG_by_sector.pdf.
[385] 香港政府统计处.2010年年底人口统计[EB].https://www.censtatd.

gov.hk/press_release/.

［386］香港地政总署.香港地理资料[EB].http://www.landsd.gov.hk/mapping/en/publications/hk_geographic_data_sheet.pdf.

［387］台湾推动台湾参与气候变化纲要公约网站.2018年国家温室气体排放清单报告[EB].http://unfccc.saveoursky.org.tw/2018nir/tw_nir.php.

［388］中国台湾地区环境保护相关部门.城市级温室气体碳揭露平台[EB].http://cityinventory.epa.gov.tw/cityinventory/CityInventory_D.aspx?type=1.

［389］台湾环境保护部门温室气体管制执行方案[EB].https://ghgrule.epa.gov.tw/action/action_page/53.

［390］台北市温室气体管制执行方案核定本[EB].https://ghgrule.epa.gov.tw/admin/resource/files/.

［391］新北市温室气体管制执行方案核定本[EB].https://ghgrule.epa.gov.tw/admin/resource/files/.

［392］桃园市温室气体管制执行方案（第一期阶段）核定本[EB].https://ghgrule.epa.gov.tw/admin/resource/files/.

［393］台中市温室气体管制执行方案核定本[EB].https://ghgrule.epa.gov.tw/admin/resource/files/.

［394］台南市温室气体管制执行方案（107—108年版）核定本[EB].https://ghgrule.epa.gov.tw/admin/resource/files/.

［395］高雄市温室气体管制执行方案核定本[EB].https://ghgrule.epa.gov.tw/admin/resource/files/.

［396］基隆市温室气体管制执行方案核定本[EB].https://ghgrule.epa.gov.tw/admin/resource/files/.

［397］新竹市温室气体管制执行方案核定本[EB].https://ghgrule.epa.gov.tw/admin/resource/files/.

［398］嘉义市温室气体管制执行方案核定本[EB].https://ghgrule.epa.gov.tw/admin/resource/files/.

欢迎加入中国城市温室气体工作组！

加入办法： 登录 http://140.143.189.230:8080/ 进行实名注册即可。

左边 LOGO： 中国高空间分辨率网格数据 CHRED （China High Resolution Emission Gridded Database, CHRED）。

右边 LOGO： 中国城市温室气体工作组。两个“C”和一个“G”，由外到内依次是“China”“City”“GHG”，表示我们的目标是中国城市温室气体；两个“C”和一个“G”形状逐渐变小，意指排放清单数据逐渐精准，GHG 逐渐得到控制；中心的“G”和符号一圈套一圈，表示齐心协力的“众人协作”模式（Group）。

请读者将具体问题、批评意见和建议反馈至中国城市温室气体工作论坛（http://nbb.cityghg.com/）中的“中国城市温室气体数据集”版块，我们将对所有有效信息（实质性改善数据质量或者方法等，即使是 1 个城市的 1 个数据）贡献者给予数据共享或邮寄我们产品的奖励。

We invite you to join the China City Greenhouse Gas Working Group !

Please login: http://140.143.189.230:8080/ and register with real name.

LOGO on the left: China High Resolution Emission Gridded Database, CHRED.

LOGO on the right: China City Greenhouse Gas Working Group. Two "C" and one "G" from outside to inside are "China", "City" and "GHG", indicating that our target is China City Greenhouse Gas; The shape of two "C" and one "G" gradually becomes smaller refers to the gradual precision of the emission inventory data; The "G" in center represents "collaborative" and "crowd-sourcing" working mode (Group).

城市温室气体公众号由生态环境部环境规划院气候变化与环境政策研究中心主办，致力于发布中国高空间分辨率网格数据（CHRED）和城市温室气体清单数据的最新进展、应对气候变化原创理论方法和应用实践，以及中国城市温室气体工作组（CCG）动态。

网站：http://www.cityghg.com/

“City Greenhouse Gas” WeChat broadcasting platform is managed by Center for Climate Change and Environmental Policy, Chinese Academy for Environmental Planning. This platform is dedicated to release following information: the China High Resolution Emission Gridded Database (CHRED) and latest progress of city greenhouse gas inventory data; the original theory and practics in climate change; the news of China City Greenhouse Gas Working Group (CCG).

Website: http://www.cityghg.com/.